$\mathcal{R}$ 语言应用系列

Data Manipulation with R
R 语言数据操作

〔美〕 菲尔·斯佩克特 著
Phil Spector
University of California, Berkeley

朱 钰 柴文义 张 颖 译

西安交通大学出版社
Xi´an Jiaotong University Press

Translation from the English language edition:

Data Manipulation with R by Phil Spector

Copyright © 2008 Springer Science + Business Media，LLC

All Rights Reserved

陕西省版权局著作权合同登记号 图字 25-2010-114 号

图书在版编目(CIP)数据

R语言数据操作/(美)斯佩克特(Phil Spector)著；
朱钰，柴文义，张颖译. —西安：西安交通大学出版社，2011.7(2021.7重印)
书名原文：Data Manipulation with R
ISBN 978-7-5605-3873-0

Ⅰ.①R… Ⅱ.①斯… ②朱… ③柴… ④张… Ⅲ.①程序语
言-程序设计 Ⅳ.①TP312

中国版本图书馆 CIP 数据核字(2011)第 043078 号

书 名	R语言数据操作	
著 者	(美)菲尔·斯佩克特	
译 者	朱 钰 柴文义 张 颖	
策划编辑	李 颖	
责任编辑	李 颖	
出版发行	西安交通大学出版社	
	(西安市兴庆南路1号 邮政编码 710048)	
网 址	http://ligong.xjtupress.com	
电 话	(029)82668357 82667874(发行中心)	
	(029)82668315 82669096(总编办)	
传 真	(029)82669097	
印 刷	西安日报社印务中心	
开 本	720mm×1000mm 1/16	印张 11.125
印 数	5801~6000	字数 176 千字
版次印次	2011 年 7 月第 1 版 2021 年 7 月第 6 次印刷	
书 号	ISBN 978-7-5605-3873-0	
定 价	34.00 元	

读者购书、书店添货，如发现印装质量问题，请与本社发行中心联系、调换。
订购热线：(029)82665248 (029)82665249
投稿热线：(029)82665380
读者信箱：banquan1809@126.com

版权所有 侵权必究

译者序

　　菲尔·斯佩克特，1983 年获美国德州农工大学统计学博士，之后在 SAS 公司效力，1987 年至今为加州大学伯克利分校统计学系应用程序管理员，1995 年至今为该系副教授。曾著有《S & S-Plus 导论》(An Introduction to S and S-Plus)，其著作还包括与人合著的《SAS 在线性模型中的应用》(SAS system for linear models) 及许多关于统计计算和统计软件的文章，对于统计软件 SAS、S-Plus 及 R 有着十分丰富的应用经验和研究。

　　菲尔·斯佩克特的《R 语言数据操作》是近年来关于 R 软件应用的一部不可多得的好书，本书内容具有综合性、紧凑性和简洁性，是 R 语言数据处理技术的综合指南，对于统计应用和理论研究都很有帮助。

　　接触过 R 软件的读者对于 R 的数据操作都会有非常深刻的印象——一般是头疼。因为在 R 中有非常丰富和灵活的数据类型和格式，而如果一组数据没有采用适当的格式读入 R，便无法在 R 中进行正确的计算。对于各种数据格式的正确理解和使用往往是使用 R 语言的障碍。而本书正好为读者解决了这些问题。

　　本书囊括了从各种不同格式的数据文件读取数据的技术以及采用适当的 R 内部数据格式保存数据的技术，对于诸如日期和时间型数据的处理、下标工具的应用、字符型数据的处理以及数据框的应用技术都通过丰富的实际或模拟数据实例作了精彩讲解。

　　本书的前 7 章的初稿由西安财经学院朱钰提供，对外经济贸易大学柴文义对这些章节进行了审阅，提供了修改意见；第 8 章和第 9 章由柴文义提供初稿，朱钰审阅并提出修改意见。西安财经学院张颖对书稿进行了通篇润色和调整，使全书语言风格统一。西安财经学院统计学系 07 级学生丁静澜、雷丹、黎晓、李垚、李夏茜、刘若珊、乔静、尚文媛、宋娟、王淑睿、卫丹洁、徐卓君和严婕等 13 名同学参加了译前全书内容的讨论及对于书中程序的试验运行。

　　由于译者水平所限，翻译过程中难免差错，衷心希望广大读者不吝金玉,谨在此代表参与翻译工作的全体人员提前表示万分的感谢。

朱　钰

于西安财经学院统计学院

zhuyutj628@yahoo.com.cn

2011 年 5 月

前　言

　　R 语言为数据操作提供了丰富的工作环境,特别是对于用来进行统计建模和图示的数据。除了种类繁多、唾手可得的软件包,它还允许用户既可以使用成熟稳定的统计技术,也可以使用试验性的统计技术。在其它语言中表现尚可的一些技术在 R 中往往是非常低效的,但是,由于 R 的灵活性,这些技术在 R 中也可以实现。一般而言,这些技术的问题在于它们与规模不成比例,也就是说,随着问题规模的扩大,这些技术的运算速度会意想不到的减慢。本书的目标是展示 R 中的各种数据操作技术,充分利用 R 的优势,而非直接使用其它语言中的类似方法。由于这涉及到 R 存储数据的基本概念,本书的第 1 章主要讲述 R 中关于数据的基础知识,对于这一章的掌握是理解其余后面章节的前提。

　　由于任何一个用 R 语言处理数据的项目,其首要任务是把数据读入 R,使其在 R 中可用。第 2 章涵盖了从各种数据源(文本文件,电子表格,其它程序文件等)读取数据的技术,以及将数据对象用 R 本身的格式及其它程序可以接受的格式进行存储。第 3 章讨论关系数据库的问题,因为大型数据集往往以这样的形式存储。这一章还包括建立和使用数据库并对大型数据集进行操作的一些指导。

　　第 4 章介绍 R 中关于日期和时间的操作。关于日期和时间的一些操作可以通过使用简单的字符表达来完成,当日期和时间转换为内部形式后,需要进行比较和其它操作时,有更多的操作可以选择。R 中有用于存储日期和时间的各种机制,这一章是要鼓励拥有这种数据的用户尽早将它们转换为适当的类型。

　　虽然因子在数据建模和图示中具有不可否认的重要性,它们在进行更基本的数据操作时却往往"碍事"。第 5 章解决怎样把因子转换成对象,或者把对象转换成因子,以及在必要时如何避免因子的转换。

　　第 6 章探讨在 R 中使用下标的多种方式以访问和修改数据。下标(特别是逻辑下标)是 R 最强有力的工具之一。许多需要循环或复杂程序的运算问题都可以通过使用下标有效而漂亮地解决。

虽然 R 通常被认为是一种处理数值的语言，但是更多的数据以字符串的形式出现，而非数值形式。除断开、整理字符串的基本函数外，R 提供了常见表达的完整操作。与矢量化相结合，大多数字符数据的问题可以简单而有效地解决。第 7 章处理这些领域的问题，重点是字符数据的问题。

由于大多数的分析，不管是基于模型的还是图形化的，都对数据框进行操作，本书的最后两章直接探讨基于数据框的操作。第 8 章讨论综合汇总(聚合)技术，对数据框的内容进行概括，往往按组别进行。第 9 章包括改造和重塑数据框，与第 8 章的内容有些联系。重点放在能够利用 R 优势的方法上，使得随着数据规模的增长，这些运算方法的效率保持在适当的水平。

本书似乎让读者觉得不习惯的一个方面是用等号(=)作为赋值操作符，而不是用传统的"获得"操作符(<-)。我发现使用等号比其它符号更合乎自然，所以我在所有的例子中都用它。仅在一个情况下这会引起麻烦，在(作为一个函数调用的一部分对一个变量赋值)第 8.7 节中讨论。

虽然本书的重点是使用内置于 R 的函数和方法，书中还是介绍了许多来自于 CRAN(R 的综合档案网)的程序包。这些程序包都是我个人觉得在自己的工作中很有用的。没有介绍其它程序包绝不是暗示这些程序包没用。事实上，随着大量由社会贡献的 R 新程序包的出现，建议认真的程序员访问 R 网(http://r-project.org 或最好是访问适当的镜像站点)来获取新的软件包。这个网站上的另一个宝贵资源是 R 简讯，往往提供有关使用新软件包的一些深入的信息。

我想在此表达我对 S 语言的原始开发者、R 核心开发团队以及全体 R 社区成员的最诚挚的谢意，感谢他们创建了这样一个美好的语言，并鼓励使用者以新的、令人激动的方式使用 R 语言！

目 录

第1章

R 中的数据

1.1 模式和类

R 中的每一个对象包含多个属性以描述该对象中信息的性质。R 数据 P.1
中最重要的两个属性是模式和类。当管理数据时,重要的 点是了解 R 支
持不同类型的数据的差异,当数据出现问题时,问题往往在于处于特定运
算中的数据不是正确的模式或类。

mode 函数列示 R 中任何对象的模式,class 函数列示对象的类。当进
行数据操作时,最常见的单个对象模式是数字型、字符型和逻辑型。然而,
由于 R 中的数据通常围绕一个数据的集合(例如,一个矩阵或数据集)旋
转,往往会遇到其它模式。在确定如何在 R 中存储数据时,要考虑的一个
重要因素就是所处理数据的模式。有的对象(如矩阵或其它一些数组)要
求其中的所有数据属于相同的模式,有的(像列表和数据框)允许单一的对
象中存在多种模式的数据。

除了 mode 和 class 函数,typeof 函数有时可以提供关于对象类型的
额外信息,虽然其用处一般来说不像 mode 和 class 提供的信息那样大。

当规划数据怎样读入 R 时要考虑的另一个因素是类型数据。R 提供
因子类来存储这些类型的数据,而在统计建模和制图函数中对因子自动进

行特殊处理。因为 R 只需要将每个水平存储一次，所以作为因子存储的值比普通存储值需要较少的存储空间。如果你检查一个因子对象的模式，即使它可能显示为字符数据，你会发现，它始终是数值型的，因此当对因子进行操作时，应该特别注意。class 函数或者在 1.3 节描述的其它谓词函数之一可用于识别因子，只要这些因子存储在 R 中即可。关于因子的更多信息可在第 5 章找到。

P.2　　　另一个重要的数据类型是日期和时间。虽然这类信息可以作为一个简单的字符形式存储，但是这种形式很难操作。R 提供了一些机制来存储日期，包括内置的 Date，POSIXlt 和 POSIXct 类，以及 R 使用者贡献的 chron 程序包。其间的差别及日期和时间的操作信息在第 4 章有描述。

最后，最常遇到的数据模式是列表。列表是 R 中最灵活的数据存储方式，因为它可以适应不同模式和长度的对象。R 中的许多函数用列表的形式来保存结果，而且列表提供了累积信息增量的一种很有吸引力的方式。当你需要列表的各个组成部分的模式时，可以使用 sapply 函数（第 8.3 节详细讨论），如下例所示：

```
> mylist = list(a=c(1,2,3),b=c("cat","dog","duck"),
+ d=factor("a","b","a"))
> sapply(mylist,mode)
        a           b             d
  "numeric" "character"    "numeric"
> sapply(mylist,class)
        a           b             d
  "numeric" "character"    "factor"
```

1.2　R 的数据存储

单个数值（标量）作为一个 R 过程的中心是非常罕见的，所以在 R 中数据操作所遇到的第一个问题就是用哪一种类型的对象来保存数据集。向量是 R 中存储多个数值的最简单的方式。C 函数（连接或合并的记号）让你在 R 中快速录入数据：

```
> x = c(1,2,5,10)
> x
[1]  1  2  5 10
```

```
> mode(x)
[1] "numeric"
> y = c(1,2,"cat",3)
> y
[1] "1"   "2"   "cat" "3"
> mode(y)
[1] "character"
> z = c(5,TRUE,3,7)
> z
[1] 5 1 3 7
> mode(z)
[1] "numeric"
```

请注意,当使用 c 合并不同模式的元素时,由此得到的向量模式与其各部分不相同。特别地,如果其中有字符元素,其它元素将被转换为字符;与数值型元素合并的逻辑元素,会被转换成为与数字相当的值,TRUE 变成 1,FALSE 变成 0。C 函数还可以用来合并向量: P.3

```
> all = c(x,y,z)
> all
 [1] "1"   "2"   "5"   "10"  "1"   "2"   "cat" "3"   "5"
[10] "1"   "3"   "7"
```

由于合并后的向量的一些元素有字符模式,则整个向量转换为字符。

可以给该向量的元素指定名称,这在显示该对象时会用到,也可以用来通过下标访问该向量的元素(第 6.1 节)。当第一次创建向量时即可为元素指定名称,也可以在创建后用 names 函数为其添加或更改名称:

```
> x = c(one=1,two=2,three=3)
> x
  one   two three
    1     2     3
> x = c(1,2,3)
> x
[1] 1 2 3
> names(x) = c('one','two','three')
> x
  one   two three
    1     2     3
```

names 函数的另一个特征是,它可以用作索引,仅修改所选元素的名称:

```
> names(x)[1:2] = c('uno','dos')
> x
  uno   dos three
    1     2     3
```

关于 R 中的向量有一个令人惊讶的事实,即在许多情况下,如果在一次运算中涉及到两个不同长度的向量,R 将会对较短的向量进行循环,从而使长度可比。这其实是如下事实的推广:当运算中涉及一个向量和标量时,R 将默认重复标量,使之与向量的每一个元素相对应。因此,要对向量的每一个元素加一,标量 1 可以如下使用:

P.4

```
> nums = 1:10
> nums + 1
 [1]  2  3  4  5  6  7  8  9 10 11
```

如果加数是一个不同长度的向量 ,也会发生类似的情况:

```
> nums = 1:10
> nums + c(1,2)
 [1]  2  4  4  6  6  8  8 10 10 12
```

注意值 1 和 2 如何重复,以使运算成功。R 默认这种运算,除非较长对象的长度不是较短对象长度的整数倍:

```
> nums = 1:10
> nums + c(1,2,3)
 [1]  2  4  6  5  7  9  8 10 12 11
Warning message:
longer object length
        is not a multiple of shorter object length in:
                  nums + c(1, 2, 3)
```

请注意,这只是一个警告,该运算仍在进行。

数组是向量的一个多维延伸,和向量一样,数组中的对象都必须是同一个模式。R 最常用的数组是矩阵——一个 2 维数组。矩阵作为向量存储在 R 中,矩阵的列"堆积"在彼此顶部。matrix 函数将向量转换为矩阵。matrix 函数中的 nrow = 和 ncol = 参数分别指定矩阵的行和列数。如果只给出二者之一,R 将根据输入数据的长度计算另一个。

由于矩阵按列存储 ,matrix 函数假定输入向量将被按列转换为矩阵;当需要按行存储矩阵时,用 byrow = TURE 参数来执行。矩阵的模式就是其构成要素的模式,矩阵类型的报告是 matrix。此外,矩阵有一个属性叫做

dim,dim 是一个长度为 2 的向量,包括矩阵的行数和列数。dim 函数将返回
这个向量。另外,用 nrow 或 ncol 函数可以访问矩阵的单个元素。

　　矩阵的行、列可以通过 matrix 函数的 dimnames = 参数指定名称,或在
矩阵创建后通过 dimnames 或 row.names 函数指定名称。由于矩阵的行和
列数不一定相同,dimnames 值必须是一个列表,第一个元素是行名向量,第
二个元素是列名向量。和向量一样,这些名称是用于显示的,可用于通过
下标访问矩阵的元素。为了给矩阵中的一个维度指定名称,可以对其中不 P.5
希望命名的维度赋值为 NULL。例如,要创建一个 5×3 的随机数矩阵(见第
2.2 节),并将各列命名为 A,B 和 C,可以使用如下的语句:

```
> rmat = matrix(rnorm(15),5,3,
+               dimnames=list(NULL,c('A','B','C')))
> rmat
            A           B           C
[1,] -1.15822190 -1.1431019  0.464873841
[2,] -0.04083058  0.3705789  0.320723479
[3,] -0.25480412 -0.5972248 -0.004061773
[4,]  0.48423349 -0.8727114 -0.663439822
[5,]  1.93566841 -0.2338928 -0.605026563
```

同样,可以首先建立矩阵,然后单独对其行、列指定名称:

```
dimnames(rmat) = list(NULL,c('A','B','C'))
```

　　列表提供了一种在单个 R 对象中存储不同模式的对象的方法。请注
意,当形成一个列表时,列表中每个对象的模式保留下来:

```
> mylist = list(c(1,4,6),"dog",3,"cat",TRUE,c(9,10,11))
> mylist
[[1]]
[1] 1 4 6

[[2]]
[1] "dog"

[[3]]
[1] 3

[[4]]
[1] "cat"
```

```
[[5]]
[1] TRUE

[[6]]
[1]  9 10 11

> sapply(mylist,mode)
[1] "numeric"    "character" "numeric"    "character"
[5] "logical"    "numeric"
```

P.6 　　重要的是,列表不必是同一模式的内容,上述简单的例子同时表明,元素的长度不必相同。

　　像 R 的其它对象一样,列表中的元素可以被命名,在创建列表时可以命名,如果列表已经存在也可以使用 names 赋值函数命名 。list 函数没有关键词参数,所以可以通过函数对列表中的元素进行命名:

```
> mylist = list(first=c(1,3,5),second=c('one','three','five'),
+               third='end')
> mylist
$first
[1] 1 3 5

$second
[1] "one"   "three" "five"

$third
[1] "end"
```

同样的结果可以通过使用 names 函数在创建列表(未命名)之后得到:

```
> mylist = list(c(1,3,5),c('one','three','five'),'end')
> names(mylist) = c('first','second','third')
```

　　许多数据分析围绕一个数据集——一组相互联系的值,可以作为一个单元处理——进行。例如,您可能收集到不同公司的资料,其中包括每个公司的名称、行业类型、从业人数、所提供健康计划的类型。对于这些变量,研究中的每一个公司都有相应的值。如果将数据存储在一个矩阵中,以行代表一个观测,以列代表变量,数据就很容易访问,但由于数据集中变量的模式往往不一样,矩阵将强制数值型变量存储为字符型变量。为易于索引并适应不同的模式起见,R 提供了数据框。数据框也是一个列表,限制条件是列表中每一个元素的长度必须相同。因此,一个数据框的模式是 list,它的类是 data.frame。因此,虽然在数据框中存储数据时比 matrix 成本要高,在处理"观测和变量"式的数据集时,数据框仍然是首选方法。

1.3 模式与类的检测

虽然对象的模式或类可以很容易地通过 mode 和 class 函数查清,R 还P.7是提供了一个简单的方法来验证是否某个对象属于一个特定的模式,或是一个特定的类。R 中的许多函数,以字符串"is."开头,可以检测一个对象是否属于某一特定类型。R 中可用的此类谓词函数如 is.list,is.factor,is.numeric,is.data.frame 和 is.character。这些函数可用于确保你所操作运行的数据的表现与你的预期相同,或者说,你写的函数对于各种数据都将正常运行。

虽然 R 并不是真正的面向对象的语言,但是 R 的很多函数——统称为通用函数——其表现取决于其参数所属的类。对于给定的类,通过 methods 函数你可以找出哪些函数更加适合。如需有关 R 中面向对象的模型信息,请参见第 2.5 节。

1.4 R 对象的结构

对于如向量、矩阵和数据框之类的简单对象,要确定其包含的内容通常较简单。检测对象的类和模式,以及它的长度或 dim 属性,应该足以让你有效处理该对象。这个过程可以使用 ls.str 函数很方便地在一个工作区进行。但是,在某些情况下,特别是嵌套列表,难以了解对象中的信息是如何安排的,而完全显示其中的对象很少能够阐明其结构。下面的例子是虚拟的,并保持小的规模,以减少空间,但它们说明了理解 R 中数据的一些策略。

回到一个较早的例子,假设我们有如下列表:

```
> mylist = list(a=c(1,2,3),b=c("cat","dog","duck"),
+                d=factor("a","b","a"))
```

summary 函数将提供该列表元素的名称、长度、类别以及模式:

```
> summary(mylist)
  Length Class   Mode
a 3      -none-  numeric
b 3      -none-  character
d 1      factor  numeric
```

这提供了有用的信息，但只显示了列表中最高级别的元素。如果我们有一个列表，其元素也是列表，summary 将不审核那些内部列表的结构：

P.8

```
> nestlist = list(a=list(matrix(rnorm(10),5,2),val=3),
+                 b=list(sample(letters,10),values=runif(5)),
+                 c=list(list(1:10,1:20),list(1:5,1:10)))
> summary(nestlist)
  Length Class   Mode
a 2      -none-  list
b 2      -none-  list
c 2      -none-  list
```

在某些情形下，直接的检测提供太多的细节，而 summary 或类似的函数提供太少的细节，str 函数可提供一个可行的妥协方案。仍用上述例子，可以看到，str 提供了对象中所有组件的性质细节，用缩进的显示为对象结构提供视觉信号：

```
> str(nestlist)
List of 3
 $ a:List of 2
  ..$    : num [1:5, 1:2]  0.302 -1.534  1.133 -2.304  0.305
  ... ..$ val: num 3
 $ b:List of 2
  ..$        : chr [1:10] "v" "i" "e" "z" ...
  ..$ values: num [1:5] 0.438 0.696 0.722 0.164 0.435
 $ c:List of 2
  ..$ :List of 2
  .. ..$ : int [1:10] 1 2 3 4 5 6 7 8 9 10
  .. ..$ : int [1:20] 1 2 3 4 5 6 7 8 9 10 ...
  ..$ :List of 2
  .. ..$ : int [1:5] 1 2 3 4 5
  .. ..$ : int [1:10] 1 2 3 4 5 6 7 8 9 10
```

每个组件显示的元素数目由 vec.len = 参数控制，并可以设置为 0，以压缩显示的结果；每个对象显示的层次深度由 max.level = 参数控制，其默认值为 NA，其意思是显示对象中实际层次的深度。

1.5 对象的转换

R 提供了多种暂时改变对象行为的常规转换方法,每一种都以"as."开头。如果有意义的话,这些函数可用于创建一个相当于你正在使用的对象,只不过模式或类皆不同。把数值存储为字符就是一个简单的例子。这可能会在数据第一次被录入 R 时发生,也可能作为其它运算的副作用出现。

现在看一看 table 函数(在第 8.1 节中详细讨论)。这个函数将返回一个整数向量,表示一个对象中每个不同值出现的次数。它返回的向量带有名称,以每个不同的值命名。假设我们对一个数值向量使用 table 函数,然后尝试使用这种列为表格的数据计算所有值的总和:

P.9

```
> nums = c(12,10,8,12,10,12,8,10,12,8)
> tt = table(nums)
> tt
nums
 8 10 12
 3  3  4
> names(tt)
[1] "8"  "10" "12"
> sum(names(tt) * tt)
Error in names(tt) * tt : non-numeric argument
     to binary operator
```

由于错误信息表明该 sum 函数在等待一个数值向量,我们可以使用 as.numeric 创建一个数值版的 names(tt)(不修改原始版本):

```
> sum(as.numeric(names(tt)) * tt)
[1] 102
```

当然,并非所有能用的转换都有意义。如果尝试采用不适当的转换,R 将产生错误或警告信息,并可能产生缺失值。(见第 1.6 节)

请注意,许多对象类型的 as. 形式的表现与带有类型名称的函数相比大有不同。例如,请留意 list 函数与 as.list 函数之间的不同:

```
> x = c(1,2,3,4,5)
> list(x)
[[1]]
[1] 1 2 3 4 5
```

```
> as.list(x)
[[1]]
[1] 1

[[2]]
[1] 2

[[3]]
[1] 3

[[4]]
[1] 4

[[5]]
[1] 5
```

P. 10

这个 list 函数创建了一个列表（长度为 1），其中包含传递给它的参数，而 as.list 则把向量转换成一个与向量长度相同的列表。

　　一个自动发生的有用的转换和逻辑变量有关。当逻辑变量用在数值环境中，每个 TRUE 都被视作 1，而 FALSE 将被作为 0 处理。与大多数函数的向量化相结合，这使得许多计数运算比较容易操作。例如，要找到一个向量 x 中所有大于 0 的值，可以用 sum(x>0)；两个矩阵 a 和 b 中不等的元素数目可以通过 sum(a ! = b)完成计算。

1.6 缺失值

　　数据中出现缺失值有多种原因。缺失值可能是原始数据的一部分，也可能在将数据读入 R 后进行运算或转换时产生。在任何情况下，缺失值都会受到一致的对待，并会通过任何涉及到的运算传播，所以在处理数据时尽早发现缺失值是很重要的。

　　不带引号的 NA，代表一个缺失值。你可以指定一个变量的值为 NA，但要检测缺失值必须使用 is.na 函数。这个函数将返回 TRUE 或 FALSE，TRUE 代表缺失，FALSE 代表未缺失。

　　如果一个缺失值是某些运算造成的结果（例如，被零除或对负数求对数），它可能显示为 Inf 或 NaN。is.na 函数会辨认这些缺失值，而 is.nan 函数可用来区分这种类型的缺失值和普通缺失值 NA。

1.7　缺失值的处理

　　R 提供的许多函数的参数在处理包含缺失值的数据时非常有用。大多数统计概括函数(mean, var, sum, min, max 等)都接受一个参数,称为 na.rm＝,如果你想在计算概括值之前删除缺失值,它可以被设置为 TRUE。对于那些不提供这种参数的函数,可以在如 x[! is.na(x)]这样的表达式中用否定符(!),以创建一个向量,只包含 x 中非缺失的值。

P.11

　　统计建模函数(lm, glm, gam 等)都有一个参数,称为 na.action＝,它允许你在建模函数处理数据之前,指定一个函数,该函数将被应用到由参数 data＝来确定的数据框。其中一个非常有用的参数是 na.omit,它返回一个数据框,其中任何带有一个或更多缺失值的行都已被删除。不容小觑的是,na.omit 可以直接调用来创建这种独立于建模函数的数据框。complete.cases 函数也可用来完成同样的任务。

　　通常情况下,当一个变量被转换为因子时,缺失值不复存在。如果你希望缺失值被当做一个有效的因子水平,在创建因子时在 factor 函数中使用 exclude＝null 参数。(更多细节见第 5 章)

　　当从外部来源导入数据,缺失值可能被其它一些字符串代替,而非 NA。在这种情况下,read.table 的 na.strings＝参数(见第 2.2 节)可以传递一个字符值向量,应视为缺失值。由于 na.strings＝参数不能对不同的列有选择性的设置,因此在 R 中读入数据有时要谨慎,先以数据的原始格式将缺失值读入 R,然后再进行转换。

第2章

读取和写入数据

2.1 读取向量和矩阵

第1章介绍了在R中键入少量数据的C函数。当数据量较大时,尤其P.13是当在R的控制台上键入数据不合适时,可以用scan函数。当所有被读取数据为同一模式时,scan是数据读取的最佳方式,所以它可以适应向量和矩阵。关于读取具有混合模式的变量数据,请参阅第2.2节。

scan的第一个参数可以是一个带引号的字符串或字符变量,包含一个文件名或URL,也可以是许多连接中的一个(第2.1节),以便允许使用其它的输入源。如果没有指定参数,scan将从R控制台读取,在遇到一个完全空白行时停止读取。

默认情况下,scan预计希望所有输入数据都是数值型的。这可采用what=参数来改变,它指定scan的数据类型。例如,要用scan读取一个字符向量,你可以指定what="":

```
> names = scan(what="")
1: joe fred bob john
5: sam sue robin
```

```
8:
Read 7 items
> names
[1] "joe"    "fred"   "bob"    "john"   "sam"    "sue"    "robin"
```

当从控制台读取时,R 会提示即将进入的下一项的索引,而在结束时报告所读取的元素数目。

如果 scan 的 what = 参数是一个包含所预期的数据类型的列表,并且以实例形式给出,scan 将输出一个列表,其元素数与数据类型数相同。要指定数值,你可以传递一个 0 给它值:

P.14

```
> names = scan(what=list(a=0,b="",c=0))
1: 1 dog 3
2: 2 cat 5
3: 3 duck 7
4:
Read 3 records
> names
$a
[1] 1 2 3

$b
[1] "dog"   "cat"   "duck"

$c
[1] 3 5 7
```

请注意,通过 what = 参数对列表中的元素命名,输出的列表中的元素也会被适当的命名。如果参数 what = 是一个列表时,multi.line = 选项可以设置为 FALSE,以防止 scan 使用多行读取一个观测记录。

scan 最常见的用途之一是读取数据矩阵。由于 scan 返回一个向量,scan 可以嵌入到 matrix 函数中调用:

```
> mymat = matrix(scan(),ncol=3,byrow=TRUE)
1: 19 17 12
4: 15 18 9
7: 9 10 14
10: 7 12 15
13:
```

```
Read 12 items
> mymat
     [,1] [,2] [,3]
[1,]  19   17   12
[2,]  15   18    9
[3,]   9   10   14
[4,]   7   12   15
```

请注意 byrow = TRUE 参数的使用。这使得向量转换为矩阵,以这种数据最常见的方式呈现。

在用 scan 读取数据时,为了跳过某些字段,在 what = 参数的列表中可以使用 NULL。假设我们有一个大数据文件,每行 10 个数值字段,但我们只需要读取第一、第三和第十个字段的内容,便可以如下形式调用 scan:

```
> values = scan(filename,
+               what=c(f1=0,NULL,f3=0,rep(list(NULL),6),f10=0))
```

由于 NULL 值不会被 rep 函数复制,可用列表形式来添加多个 NULL,而 scan 中的 c 函数将妥善地将它们整合到列表中。一旦该文件被以这种方式读取,矩阵中被提取的字段可以用 cbind 函数构造: P. 15

```
result = cbind(values$f1,values$f3,values$f10)
```

2.2 数据框:read.table

read.table 函数用于以数据框的格式在 R 中读入数据。read.table 总是返回一个数据框,这意味着它最适合读取混合模式的数据。(对于单一模式的数据如数值型矩阵,使用 scan 更加有效。)read.table 期望输入源的每个字段(变量)由一个或多个分隔符分割,像空格、制表符、换行符或回车等都是默认的分隔符。sep = 参数可用来指定一个替代的分隔符。(专为用逗号和制表符分割的数据设计的便利函数见第 2.3 节。)如果在输入的数据中没有统一的分隔符,但每个变量的各个观测处于相同宽度的列,可以使用在第 2.4 节介绍的 read.fwf 函数。

如果你所输入数据的第一行包含变量名称,其分隔符和数据的分隔符相同,可在 read.table 函数中用 head = TRUE 参数,可以使用这些名称来命名输出的数据框中的列。另外,read.table 的 col.names = 参数可以给一个包含变量名的字符向量命名。如果没有其它指令,read.table 函数将使用 V＋栏号为该变量命名。

read.table 唯一需要的参数是一个文件名、URL 或连接对象（见第 2.1 节）。在 Windows 下，确保使用双反斜杠路径名，因为在 R 中字符串中单一的反斜杠表示下一个字符应特别加以处理。如果你的数据具有如上所述的标准格式，就符合 read.table 的全部要求，可能仅需要添加 header = TRUE。然而，read.table 非常灵活，有时你可能需要根据如下描述的特性作出调整：

因为它提供了更高的存储效率，read.table 自动将字符变量转换为因子。当将变量作为简单的字符串使用时，这可能会导致某些问题。虽然这通常可以使用在第 5 章讨论的方法解决，你也可以通过使用 stringsAsFactors = 参数防止其转换为因子。将其值设为 FALSE 可以防止任何因子转换。为了确保该字符变量永远不被转换为因子，可以采用如下的方式将系统选项 stringsAsFactors 设置为 FALSE：

> options(stringsAsFactors=FALSE)

P.16 as.is = 参数可以被用来抑制数据中一部分变量的因子转换，通过一个索引向量指定不转换的列，或通过一个长度与数据列数相等的逻辑向量，在不需要转换时取值为 TRUE。如果你抑制了部分或全部的因子转换，你可能会注意到读取数据时速度有所提高，但同时也增加了存储空间。

row.names = 参数，可以用来传递一个字符值向量作为行名，用来识别输出，在为数据框做索引时，它可用来代替数值型的下标。（见第 6.1 节。）如设定 row.names = NULL，则行名将用字符代替观测序号。

read.table 会自动把代表缺失值的符号 NA 应用于任一数据类型，而 NaN，Inf 和－Inf 作为数值型数据的缺失值。若要对此进行修改，可以给 na.strings 参数传递一个字符值向量，代表缺失值。

默认情况下，read.table 把符号“#”后的任何文字作为注释对待。你可以通过改变 comment.char = 参数改变注释字符。如果你的输入源不包含任何注释，设置 comment.char = ' '可能加快数据读取速度。

对于使用其它字符而非使用“.”作为小数点的本地设置，dec = 参数可以用来设定一个替代码。encoding = 参数可以用来解释你输入数据中的非 ASCII 字符。

通过使用 skip = 参数你可以控制从你的输入源读取哪些行，它指定在你的文件开头要跳过的行数，而 nrows = 参数指定要读取的最大行数。对于非常大的输入源,对 nrows = 指定一个值,使其接近但大于要读取的行数可以提高读取速度。

　　read.table 期待每行有相同数目的字段,如果它检测到异常便会报错。如果不同的字段数产生于有些观测确实比其它观测有更多的变量,可以用 fill = TRUE 参数对变量数较少的观测进行变量填补,代替原来的空缺或 NA。如果 read.table 报告有些行字段数目不同,count.fields 函数常可以帮助确定问题所在。

　　read.table 接受 colClasses = 参数,类似于 scan 函数中的 what = 参数,用来指定要读取的列的模式。由于 read.table 将自动识别字符和数值型数据,这个参数在你读取数据过程中要进行比较复杂的转换时,或你需要跳过输入源的某些字段时最为有用。明确地标明列的类型也可提高数据读取的效率。若要指定列的类型,可以提供一个字符向量代表数据类型,任何包含"as."的类型都可用此方法(见第 1.3 节)。用 "NULL" 指示 read.table 跳过某一列,用 NA(不带引号的)指示 read.table 选择读取该列时采用什么格式。

P.17

2.3　逗号和制表符分隔的输入文件

　　用逗号或制表符分隔字段是常见的数据格式,对于读取这类数据 R 提供了三个方便的函数:read.csv,read.csv2 和 read.delim。这些函数是 read.table 的包装,分别用于以逗号、分号或制表符分隔的数据。由于这些函数可以接受 read.table 的任何可选参数,他们往往比 read.table 更便于使用,不需要手动设置适当的参数。

2.4　固定宽度输入文件

　　有时所存储的输入数据各个值之间没有分隔符。这样的数据虽然不如使用空格、制表符或逗号分隔的数据普遍,但输入行中每个变量占据相同的列。在这样的情况下,可以使用 read.fwf 函数。widths = 参数是一个包含要读取的字段宽度的向量,使用负数表示要跳过的列。如果每个观测数据占用多行,widths = 可以是向量列表,向量数等于每个观测的行数。header = ,row.names = 和 col.names = 参数的表现与那些在 read.table 函数中的参数相同。

　　为了说明 read.fwf 的用处,请看以下几行,它显示的是美国人口密度最高的 10 个地区（按每平方英里人口数计）：

```
New York, NY                    66,834.6
Kings, NY                       34,722.9
Bronx, NY                       31,729.8
Queens, NY                      20,453.0
San Francisco, CA               16,526.2
Hudson, NJ                      12,956.9
Suffolk, MA                     11,691.6
Philadelphia, PA                11,241.1
Washington, DC                   9,378.0
Alexandria IC, VA                8,552.2
```

由于地区名称中包含空格，且空格前后没有引号，read.table 函数将很难读取数据。然而，由于名字总是在相同的列，我们可以使用 read.fwf。在人口数中的逗号将迫使 read.fwf 视它们为字符值，而且像 read.table 那样，将其转换为因子，后面将证明这可能并不方便。如果我们想摘录各地所属的州名，我们可能也要进行控制不使这些值转换为因子，使用 as.is = TRUE。假设数据是以文件名 city.txt 存储的，其值可以如下方式读取：

```
> city = read.fwf("city.txt",widths=c(18,-19,8),as.is=TRUE)
> city
                      V1        V2
1   New York, NY          66,834.6
2   Kings, NY             34,722.9
3   Bronx, NY             31,729.8
4   Queens, NY            20,453.0
5   San Francisco, CA     16,526.2
6   Hudson, NJ            12,956.9
7   Suffolk, MA           11,691.6
8   Philadelphia, PA      11,241.1
9   Washington, DC         9,378.0
10  Alexandria IC, VA      8,552.2
```

在使用 V2 作为数值型变量之前，应采用 gsub 移除逗号（见第 7.8 节）：

```
> city$V2 = as.numeric(gsub(',','',city$V2))
```

2.5　从 R 对象中提取数据

虽然前面几节已经讨论过处理采用内置类型存储的数据，R 还为程序

P.18

开发人员提供了两种机制来定义他们自己的类,因此,需要了解在这些对象中数据是如何存储的。R 中的类机制提供了面向对象编程的一些特性,即方法调用和继承。方法调用允许 R 检测一个函数中参数的类,并调用专为该类对象设计的特殊版本的函数。不是所有的 R 函数都提供方法调用,那些提供方法调用的函数称为通用函数。继承性允许开发人员创建类似于其它类的新类,只提供不同于原始类的方法。当 R 中的一个对象继承一个已经定义的对象的属性,它的类属性将是一个包含对象类型的向量(在第一位置),以及它所继承的类。

在 R 中面向对象的第一个机制,称为 S3 或"旧式的"类,通过一个形为 function. class 的函数在通用函数中植入了方法调用。如果在搜索路径中没有这样的功能,一个形为 function.default 的函数将被调用。对于所有属于 S3 的通用函数都存在默认的函数。因为 S3 通用函数都包含对 Use-Method 函数的调用,所以比较容易识别;UseMethod 函数执行的是方法调用。重要的是要认识到通用函数何时被调用,因为具体的方法或对象组合的帮助页,可通过提供"完整"的名称获得。例如,当对象的 lm 为 summary 时,summary 函数的帮助页不讨论所调用的方法的任何性质,只有用 summary. lm 才能直接访问关于 summary 的帮助。即使你可以指出这些具体方法以查看其帮助页,却很少能够以这种方式直接调用它们,它们始终都是通过通用函数调用。

P. 19

作为例子,考虑 lm 函数,它可实现线性模型的计算。这个函数返回的对象属于 lm 类;当对象打印或显示时,R 将寻找一个称为 print. lm 的函数,它将显示所拟合的线性模型的适当信息。例如,下面的程序码生成一个 lm 对象,然后通过 print 函数显示:

```
> slm = lm(stack.loss ~ Air.Flow + Water.Temp,data=stackloss)
> class(slm)
[1] "lm"
> slm

Call:
lm(formula = stack.loss ~ Air.Flow + Water.Temp,
    data = stackloss)

Coefficients:
(Intercept)      Air.Flow    Water.Temp
   -50.3588        0.6712        1.2954
```

当一个类被创建时,通常也提供从该类对象中提取数据的一组函数。这些所谓的访问函数是推荐的从 R 对象提取信息的方法,因为它们将提供一个稳定的接口,即使该对象的内部结构已经改变。由于在 S3 方法调用中的命名约定,apropos 函数可以用来寻找某个类的所有可用方法:

```
> apropos('.*\\.lm$')
 [1] "anovalist.lm"   "anova.lm"       "hatvalues.lm"
 [4] "model.frame.lm" "model.matrix.lm" "plot.lm"
 [7] "predict.lm"     "print.lm"       "residuals.lm"
[10] "rstandard.lm"   "rstudent.lm"    "summary.lm"
[13] "kappa.lm"
```

(如果哪一种函数被标记为不可见,getAnywhere 函数可以用来进行查看。)

因此,为了得到 lm 对象的预测值,predict 函数将调用 predict.lm。需要重复一遍,你应该避免直接调用类似 predict.lm 的函数,而应该依赖通用函数(此例中为 predict)。另外请注意,如果一个对象有多个类,你应该寻找为该对象所继承的类设计的相应函数。

大多数 S3 对象以列表形式存储,所以如果一个适当的访问函数不可用,可以把该对象当作一个列表来直接提取数据。在这种情况下,第一步是使用 names 函数来查找可用的元素:

```
> names(slm)
 [1] "coefficients"   "residuals"      "effects"
 [4] "rank"           "fitted.values" "assign"
 [7] "qr"             "df.residual"   "xlevels"
[10] "call"           "terms"         "model"
```

现在,我们可以通过直接提取方式找到模型的残差自由度:

```
> slm$df.residual
[1] 18
```

或

```
> slm['df.residual']
[1] 18
```

由于旧式的类所提供的方法调用仅限于使用函数的第一个参数,并且命名约定有时会导致混乱,所以开发了更加正式的定义类的方法(称为"新式的",或更正式的称为 S4 方法)。这是在 R 中实现新类的首选方法,并会随着时间的推移变得更加普及。在 methods 程序包中可以发现处理新式类

的一些函数,如果还没有,可以通过使用

```
> library(methods)
```

进行加载。

有了 S4 新式类,可以通过调用通用函数定义内的 standardGeneric 函数来识别通用函数。

作为 S4 新式类的一个例子,考虑用来作最大似然估计的 mle 函数,它可在 stats4 包中找到。我们将模拟服从伽玛分布的数据,然后使用最大似然法估计该分布的参数:

```
> library(stats4)
> set.seed(19)
> gamdata = rgamma(100,shape=1.5,rate=5)
> loglik = function(shape=1.5,rate=5)
+           -sum(dgamma(gamdata,shape=shape,rate=rate,log=TRUE))
> mgam = mle(loglik)
```

isS4 函数可用于确定一个对象在使用旧式还是新式的类: P.21

```
> class(mgam)
[1] "mle"
attr(,"package")
[1] "stats4"
> isS4(mgam)
[1] TRUE
```

同旧式方法一样,S4 类访问信息的首选始终是使用所提供的访问函数以及创建该对象的函数。对于 S4 类,使用 showMethods 函数(来自 methods 包)很容易找到可用的方法:

```
> showMethods(class='mle')
Function: coef (package stats)
object="mle"

Function: confint (package stats)
object="mle"

Function: initialize (package methods)
.Object="mle"
    (inherited from: .Object="ANY")
```

```
Function: logLik (package stats)
object="mle"

Function: profile (package stats)
fitted="mle"

Function: show (package methods)
object="mle"

Function: summary (package base)
object="mle"

Function: update (package stats)
object="mle"

Function: vcov (package stats)
object="mle"
```

举例来说,方差-协方差矩阵的估计可使用 vcov 函数获得:

P.22

```
> vcov(mgam)
            shape      rate
shape 0.05464054 0.1724472
rate  0.17244719 0.7228044
```

当然,生成对象的函数的帮助页,以及更多的关于类的描述的帮助页(如果有),可供查阅,以了解更多信息。

虽然对于 S4 类没有通用的 print 函数,通用的 show 函数可用来代替该函数,实现对 S4 类的打印或显示。

组成一个 S4 对象的实体都存储在所谓的插槽中。要查看对象的可用插槽,可以使用 showClass 函数。如果有必要直接访问插槽,可以用@操作符,类似于 $ 操作符。继续 mle 的例子,假设我们想检索存储于 mgam 中,用来计算似然估计的函数:

```
> getClass(class(mgam))
Slots:

Name:     call     coef  fullcoef     vcov      min
Class: language  numeric  numeric   matrix  numeric
```

```
Name:      details minuslogl      method
Class:       list   function character
> mgam@minuslogl
function(shape=1.5,rate=5)
    -sum(dgamma(gamdata,shape=shape,rate=rate,log=TRUE))
```

如果所希望使用的插槽的名称以字符变量的形式存储,便可以用 slot 函数:

```
> want = 'minuslogl'
> slot(mgam,want)
function(shape=1.5,rate=5)
    -sum(dgamma(gamdata,shape=shape,rate=rate,log=TRUE))
```

对于两种风格的类,所提供的方法有些能够创建一些对象,这些对象将包含操作对象的其它信息。对于许多对象的 summary 方法尤其是这样。返回到 lm 的例子,我们可以通过从 lm 对象创建一个 summary 对象,用 summary 方法检查到底能获得什么,并检查其名称:

```
> sslm = summary(slm)
> class(sslm)
[1] "summary.lm"

> names(sslm)
 [1] "call"           "terms"          "residuals"
 [4] "coefficients"   "aliased"        "sigma"
 [7] "df"             "r.squared"      "adj.r.squared"
[10] "fstatistic"     "cov.unscaled"
```

P.23

可以看出,通过概括方法,计算得到了许多有用的数,并可通过其在 summary.lm 对象中已经命名的组件获得。

2.6　连接

连接为 R 读取各种来源的数据提供了一个灵活的方式,与简单的指定一个文件名作为类似于 read.table 函数和 scan 函数的输入相比,它提供了对连接的性质更全面的控制。表 2.1 列出了 R 中可以创建连接的一些函数。

表 2.1　连接

函数	数据源
file	在本地文件系统的文件
pipe	输出的命令
textConnection	将文本作为文件
gzfile	本地 gzip 压缩文件
unz	本地 zip 压缩文件存档（单一文件；只读）
bzfile	本地 bzip 压缩文件
url	通过 http 远程读取文件
socketConnection	客户端/服务器套接程序

　　当你创建一个连接对象，它只是定义了对象，不会自动打开该对象。如果一个接收连接的函数收到一个未曾打开的连接，它常会打开它，然后在函数调用结束后关闭它。因此，在通常情况下，你可以简单地将连接传递给操作的函数，而不用担心什么时候该连接将被打开或关闭。如果连接没有按照你期望的方式进行，或者如果你不知道你是否已经关闭它，isOpen函数可用于测试连接是否已打开；可选的第二个参数设置为等于"read"或"write"，可以测试打开它的模式。

　　这个方案的一个例外是其中一个文件被逐块读入，比如通过 read-Lines 函数读入。如果一个（未打开的）连接在一个循环内部函数中实现，该文件每次被调用时它会反复打开和关闭，一遍遍地读取相同的数据。为了更好地控制连接，它可以被传递给 open 函数，或提供一个可选模式，作为创建此连接的函数的第二个参数。请注意，在这种情况下，该连接不会自动关闭，你必须明确用 close 函数来关闭连接。

　　作为这项技术的说明，考虑 R 项目网页，http://www.r-project.org/main.shtml。R 的最新版本号显示在该网页上，其后紧跟着一个短语"已发布"。下面的程序通过采用"r"模式读取连接到这个网址，然后读取每一行，直到找到带有最新版本号的版本：

```
> rpage = url('http://www.r-project.org/main.shtml','r')
> while(1){
+     l = readLines(rpage,1)
+     if(length(l) == 0)break;
```

```
+       if(regexpr('has been released',l) > -1){
+               ver = sub('</a.*$','',l)
+               print(gsub('^ *','',ver))
+               break
+       }
+ }
[1] "R version 2.2.1"
> close(rpage)
```

readLines 的第二个参数指定读取的行数,其中的-1表示读取所提供的所有连接。虽然它一次只能读取一行,似乎效率不高,而实际的读取正由操作系统执行,并在内存中缓冲,这样你可以选择你认为是最方便的行数。通过使用这种技术,我们只需要处理必要的连接数。

请注意,只要可以将文件名称传递给 scan,read.table,write.table 和 cat 函数,都可使用连接。因此,为了写一个采用 gzip 压缩、逗号分隔版本的数据框,我们可以使用:

```
gfile = gzfile('mydata.gz')
write.table(mydata,sep=',',file=gfile)
```

write.table 函数负责打开和关闭 gzip 压缩文件,因为不能确切地知道其是否打开。

当你需要测试一个只进行文件操作的函数时,textConnection 往往有用。例如,在第 2.2 节介绍了 colClasses 参数,它可以自动地将数据转换成适当的 R 对象。假设我们要使用此参数测试 Date 对象的转换(第 4.1 节)。首先,我们对即将使用的数据类型创建一个 textConnection:

```
> sample = textConnection('2000-2-29 1 0
+ 2002-4-29 1 5
+ 2004-10-4 2 0')
```

P.25

现在我们可以在任何一个期待文件名的函数中用 sample 代替文件名:

```
> read.table(sample,colClasses=c('Date',NA,NA))
          V1 V2 V3
1 2000-02-29  1  0
2 2002-04-29  1  5
3 2004-10-04  2  0
```

该 unz(解压)函数允许以只读形式访问压缩文件。由于压缩文件是存档文件,可能包含很多文件,因此 unz 要求一个额外的参数指定你想提取哪个文件。例如,假设我们有一个压缩文件名为 data.zip,它包含多个文件,

我们希望建立一个连接,将文件 mydata.txt 以向量的形式读入 。可以使用下面的程序码:

```
mydata = scan(unz('data.zip','mydata.txt'))
```

使用 unz 函数一次只可以提取一个文件。

　　当你明确地需要打开一个连接(或者通过在创建该连接的函数中指定其模式,或直接调用 open),你可以指定下列模式之一:"w"为写,"r"为读,"a"为附加。你可以在这些模式的任何一个的结尾处附加 t 以指定一个文本连接,或附加 b 以指定一个二进制连接。虽然在 UNIX 系统中文本和二进制连接之间没有区别,在 Windows 系统中,任何时候你想要操作的文件如果包含任何不可打印的字符,都需要附加 b。此外,指定在 Windows 系统写入二进制文件会导致 R 使用 UNIX 风格的行结束符(单个换行符),而不是Windows 风格的行结束符(回车加换行,有时显示为 UNIX 系统的 control-M)。关于更复杂的情况,如为写和读双重任务打开一个文件,请参阅 open 帮助文件。

2.7　读取大型数据文件

　　由于 readLines 和 scan 不需要读取整个文件到内存中,R 可以分块处理非常大的文件。例如,假设我们有一个大的文件,其中包含数值变量,而我们希望将该文件的一个随机样本读入 R。如果我们能够将整个数据集纳入内存中,调用 sample 函数(第 2.9.1 节)即可完成任务。但我们假设有关文件过大,不能完整地读入 R。应该采取的策略是在读入数据之前随机地选择一些行,然后在分批读取数据时提取所选择的行。为了避免内存分配问题,整个矩阵在开始读入之前就提前分配了内存。这些想法由如下函数实施:

P.26

```
readbig = function(file,samplesz,chunksz,nrec=0){
    if(nrec <= 0)nrec = length(count.fields(file))
    f = file(file,'r')
    on.exit(close(f))
    use = sort(sample(nrec,samplesz))
    now = readLines(f,1)
    k = length(strsplit(now,' +')[[1]])
    seek(f,0)
```

```
result = matrix(0,samplesz,k)

read = 0
left = nrec
got = 1
while(left > 0){
    now = matrix(scan(f,n=chunksz*k),ncol=k,byrow=TRUE)
    begin = read + 1
    end = read + chunksz
    want = (begin:end)[begin:end %in% use] - read
    if(length(want) > 0){
       nowdat = now[want,]
       newgot =  got + length(want) - 1
       result[got:newgot,] = nowdat
       got = newgot + 1
    }
    read = read + chunksz
    left = left - chunksz
}
return(result)
}
```

如果在文件中记录的数目，nrec，指定为零或负数，那么函数通过调用 count.fields 计算文件中的行数。你的操作系统可能会提供一个更有效的方式实现这一计算，如在 Linux 或 Mac OS X 中，用命令 wc −l，或在 Windows 中，用 find /c 命令，搜索在每一行中出现的分隔符数目。假设我们在当前目录中有一个采用逗号分隔的文件称为 comma.txt。在 Windows 中，我们可以使用如下的程序码计算文件中的行数：

```
> nrec = as.numeric(shell('type "comma.txt" | find /c ","',
+                       intern=TRUE))
```

而在 UNIX 一类的系统中，所用的命令是

P.27

```
> nrec = as.numeric(system('cat comma.txt | wc -l',
+                       intern=TRUE))
```

为了计算文件中的列数，先用 readLines 读取一行，再使用适当的分隔符（在这种情况下，为一个或多个空格）调用 strsplit 函数。然后，用 seek 命令重新定位该文件，准备实际读取数据。

为获得最佳结果，在特定的情况下可以调整 chunksz 参数，但只有最合

理的值才会导致可接受的性能。

2.8　生成数据

虽然学习或使用 R 的主要的动机之一是分析现有的数据,有时在 R 内部创建数据可能更有优势,例如在进行模拟时。如果你想测试一个新的技术或确定一个方案对于一个非常大的数据集是否适当,也需要在 R 中创建数据。在下面的小节中,我们将介绍在 R 中生成数据向量的各种方法,用于在缺乏"真实"数据时模拟或测试程序。

2.8.1　序列

若要生成两个值之间的整数序列,可以使用冒号运算符(:)。例如,要创建一个从 1 到 10 的整数向量,我们可以使用

```
> 1:10
 [1]  1  2  3  4  5  6  7  8  9 10
```

为了获得对序列更多的控制,可以使用 seq 函数。此函数允许通过 by = 参数自主选择增量,以及为确定该输出序列长度的更多的选择。其最简单的操作形式类似于冒号操作符:

```
> seq(1,10)
 [1]  1  2  3  4  5  6  7  8  9 10
```

要创建一个取值在 10 到 100 之间的向量,每个元素相差为 5,我们可以使用:

```
> seq(10,100,5)
 [1]  10  15  20  25  30  35  40  45  50  55  60  65  70  75
[15]  80  85  90  95 100
```

或者,我们可以指定序列的长度,而不是提供序列的终点:

```
> seq(10,by=5,length=10)
 [1] 10 15 20 25 30 35 40 45 50 55
```

序列的一个常见用途是生成因子,与一个实验设计的水平相对应。假设我们希望模拟一个实验的各个水平,实验设计为三个组和五个小组,每个小组有两个观察,一共有 30 个观测。gl 函数(作为"生成各级水平"的记号)有两个必需的参数。首先是所需不同水平的数目,其次是每个水平需要重复的次数。可选的第三个参数指定输出向量的长度。要生成一个由

包含了代表三个组、五个小组、两个观测的向量组成的数据框,可用如下方式使用 gl 函数:

```
> thelevels = data.frame(group=gl(3,10,length=30),
+                        subgroup=gl(5,2,length=30),
+                        obs=gl(2,1,length=30))
> head(thelevels)
  group subgroup obs
1     1        1   1
2     1        1   2
3     1        2   1
4     1        2   2
5     1        3   1
6     1        3   2
```

对 gl 函数输出的进一步控制可通过可选的 lables = 参数获得。gl 也接受一个 ordered = TRUE 参数,产生有序的因子。

为了创建一个由多个序列的唯一组合形成的数据框,可以使用 expand. grid 函数。这个函数接受任何数目的序列,并返回一个数据框,每行是输入值的一个唯一的组合。另外,所有的向量皆可以列表的形式输入 expand.grid。假设我们想创建数据框,每行是 1 到 5 之间的奇数和整数的一个组合,我们可以如下方式使用 expand.grid:

```
> oe = expand.grid(odd=seq(1,5,by=2),even=seq(2,5,by=2))
> oe
  odd even
1   1    2
2   3    2
3   5    2
4   1    4
5   3    4
6   5    4
```

请注意,第一个参数产生的列变化最迅速,而且给 expand.grid 输入的序列不必是相同的长度。输出的数据框的行数总是等于所有 expand.grid 输入序列长度的乘积。

通过 expand.grid 产生的数据框的一个重要用途是在参数值的某一范围内评估一个函数。在第 8.4 节讨论的 apply 函数,是实现这一目的的最有效工具。例如,假设我们想在 x 和 y 皆为 0 到 10 的定义域内计算函数 $x^2 + y^2$ 的值。首先,我们可以使用 expand.grid 生成输入值矩阵:

P.29

```
> input = expand.grid(x=0:10,y=0:10)
```

现在我们可以使用 apply 计算由 expand.grid 返回的数据框的每一行的函数值,并使用 cbind(第 9.6 节)将计算结果与输入的数据进行合成:

```
> res = apply(input,1,function(row)row[1]^2 + row[2]^2)
> head(cbind(input,res))
  x y res
1 0 0   0
2 1 0   1
3 2 0   4
4 3 0   9
5 4 0  16
6 5 0  25
```

2.8.2　随机数

表 2.2　随机数发生器

函数	分布	函数	分布
rbeta	贝塔分布	rlogis	罗吉斯蒂分布
rbinom	二项分布	rmultinom	多项分布
rcauchy	柯西分布	Rnbinom	负二项分布
rchisq	卡方分布	rnorm	正态分布
rexp	指数分布	rpois	泊松分布
rf	F 分布	rsignrank	符号秩次分布
rgamma	伽马分布	rt	学生氏 t 分布
rgeom	几何分布	runif	均匀分布
rhyper	超几何分布	rweibull	威布尔分布
rlnorm	对数正态分布	rwilcox	威尔考克松秩-和分布

P.30　　如果你正在为模拟计算创建一组数据集,或在测试 R 的一个函数,而没有真正的可用数据,R 提供了大量的随机数发生器,详见表 2.2。所有的随机数发生函数的第一个参数,都是想生成的随机数的数目;其它参数用来指定所用分布的参数 ,依具体的分布而定。进一步详情请查看该函数的帮助文件。

表 2.2 所有函数的随机数发生器的状态存储在一个名为 .Random.seed 对象中。要创建一个可再生的序列,可在 set.seed 函数中输入一个整数,

以确保只要 set.seed 函数输入相同值,产生的随机数序列也将一致。

2.9 排列

2.9.1 随机排列

sample 函数方便地提供了向量元素值(如果第一个参数是一向量)或从一开始的索引号(如果第一个参数是一个数字)的随机排列。由于只有一个参数,sample 函数返回一个长度等于元素的数量(如果参数是一个向量)的向量或参数的值(如果它是一个数字),因为是不重置抽样,所以输入的每一个元素在输出中只出现一次。两个可选参数可以改变这些默认值;size = 参数,将返回一个指定大小的向量,而 replace = 参数,如果设置为 TRUE,将允许输入的元素在样本中可能出现一次以上。如果所需的样本大小比由第一个参数所决定的元素数目大,replace = 必须设置为 TRUE。最后,如果输入中有些元素的抽样概率比另一些元素高,可选的 prob = 参数可以提供一个抽样概率向量。

2.9.2 枚举所有排列

由于 sample 函数提供了其输入数据的随机排列,在生成一个序列的所有可能排列上它不会有很高的效率,因为有可能有些排列比其它排列出现更多。在这种情况下,可使用 combinat 程序包(可从 CRAN 下载)中的 permn 函数。像 sample 一样,permn 的第一个参数要么是一个向量要么是一个数字。用一个参数调用,它返回一个列表,其中包含输入序列的所有可能的排列。可选的 fun = 参数可以用来指定一个函数,此函数将被应用于输出列表中的每个排列。由于 n 个元素的排列数为 n!(n 的阶乘),permn 的输出规模可能非常大,即使对于不是很大的 n 也是如此。factorial 函数(或者 combinat 程序包中的 fact 函数)可用于计算有多少排列存在。

如果生成的排列数目太大,无法容纳在内存中,可以使用 sna 程序包
P.31
(可从 CRAN 下载)中的 numperm 函数。这个函数接受两个参数:第一个表示序列的长度,第二个代表所希望的具体排列。因此,如果整套的排列太大,内存容不下,可在一个索引号(numperm 的第二个参数)不断增加的循环中——从 1 到 factorial(n),其中 n 是序列的长度——使用 numperm 函数。

2.10　序列的处理

　　R 提供好几个对于序列的处理非常有用的函数。在第 8.1 节介绍的 table 函数,可以将序列中每个值出现的次数制表。为了获得一个序列中的所有不同值(唯一值),可使用 unique 函数。此外,duplicated 函数可用于返回一个逻辑值向量,表明序列中的每个值是否重复;! duplicated(x) 将返回一个逻辑向量,对唯一的值显示为 true。在这两种情况下,结果的顺序和所研究向量中各个唯一值的顺序相同。

　　rle(游程长度编码)函数可用于解决一系列关于序列中连续相同值的各种问题。从 rle 返回的值是一个列表,包含两个部分:第一是 values,是一个向量,包含所发现的重复出现的值,第二是 lengths,是与 values 相同长度的向量,说明观察到多少连续的值。如果没有重复值,lengths 的所有元素为 1:

```
> sequence = sample(1:10)
> rle(sequence)
Run Length Encoding
  lengths: int [1:10] 1 1 1 1 1 1 1 1 1 1
  values : int [1:10] 10 5 2 8 3 1 7 4 6 9
```

　　作为对 rle 使用的例子,假设我们有一个整数序列,我们想知道是否有 3 个或更多的 2 连续出现。考虑 rle 的返回值,这意味着 2 将出现在 rle 返回的 values 组件中,而在 lengths 组件中与其相应的项是 3 或更大:

```
> seq1 = c(1,3,5,2,4,2,2,2,7,6)
> rle.seq1 = rle(seq1)
> any(rle.seq1$values == 2 & rle.seq1$lengths >= 3)
[1] TRUE
> seq2 = c(7,5,3,2,1,2,2,3,5,8)
> rle.seq2 = rle(seq2)
> any(rle.seq2$values == 2 & rle.seq2$lengths >= 3)
[1] FALSE
```

　　为了找到在一个序列中一个 values 和 lengths 的特定组合出现的位置,可以将 cumsum 函数应用于 rle 返回值的 lengths 组件。cumsum 的返回值将在每一个重复值结束时提供一个索引号;这样,通过在此向量中使用 which 作为索引,我们可以找到任何想要的游程值的结束点。

　　继续前面的例子,我们可以发现 seq1 中的索引号,其中有超过 3 个的

2 的序列结束点：

```
> seq1 = c(1,3,5,2,4,2,2,2,7,6)
> rle.seq1 = rle(seq1)
> index = which(rle.seq1$values == 2 & rle.seq1$lengths >= 3)
> cumsum(rle.seq1$lengths)[index]
[1] 8
```

这表明,3 个或更多的 2 的游程在位置 8 处结束。要查找一个游程开始的索引号,我们可以调整用于 cumsum 的下标,特别要注意适当地处理序列前端的游程：

```
> index = which(rle.seq1$values == 2 & rle.seq1$lengths >= 3)
> newindex = ifelse(index > 1,index - 1,0)
> starts = cumsum(rle.seq1$lengths)[newindex] + 1
> if(0 %in% newindex)starts = c(1,starts)
> starts
```

由于这些算子的向量化,可以通过同样的手段适应多个游程的计算：

```
> seq3 = c(2,2,2,2,3,5,2,7,8,2,2,2,4,5,9,2,2,2)
> rle.seq3 = rle(seq3)
> cumsum.seq3 = cumsum(rle.seq3$lengths)
> myruns = which(rle.seq3$values == 2 &
+                rle.seq3$lengths >= 3)
> ends = cumsum.seq3[myruns]
> newindex = ifelse(myruns > 1,myruns - 1,0)
> starts = cumsum.seq3[newindex] + 1
> if(0 %in% newindex)starts = c(1,starts)
> starts
[1]  1 10 16
> ends
[1]  4 12 18
```

对于更复杂的情况,常用一个逻辑表达式常来作为 rle 的参数。例如,要在一个随机数序列中查找连续 5 个或更多大于零的随机数的位置,我们可以使用以下方法：

P.33

```
> set.seed(19)
> randvals = rnorm(100)
> rle.randvals = rle(randvals > 0)
> myruns = which(rle.randvals$values == TRUE &
+                rle.randvals$lengths >= 5)
```

```
> any(myruns)
[1] TRUE
> cumsum.randvals = cumsum(rle.randvals$lengths)
> ends = cumsum.randvals[myruns]
> newindex = ifelse(myruns > 1,myruns - 1,0)
> starts = cumsum.randvals[newindex] + 1
> if(0 %in% newindex)starts = c(1,starts)
> starts
[1] 47
> ends
[1] 51
> randvals[starts:ends]
[1] 0.5783932 0.8276480 1.3111752 0.1783597 1.7036697
```

2.11　电子表格

　　电子表格,特别是微软 Excel 电子表格,是传播数据的最常用方法之一,R 提供几种方法来访问它们。最简单的方法,也可能是最灵活的,是用一个电子表格程序将数据写入到一个逗号或制表符分隔的文件,然后使用第 2.2 节中描述的方法。当电子表格中有额外的非数据材料(如标题和说明)时这种方法特别有用,因为通过编辑可以从电子表格产生的文件中删除这种材料。

　　不过,在有些情况下,这种方法未必可行。一个时常更新的电子表格可能需要每天进行访问,或者一个分析可能需要来自多个电子表格的数据或来自同一电子表格的不同页的数据。接下来的部分将着眼于通过 R 函数访问电子表格的方法,而不需要将他们转储为文件。

2.11.1　基于 Windows 的RODBC 包

P.34

　　在 Windows 平台上,可使用 RODBC 包的 ODBConnectExcel 函数直接读取电子表格,该程序包可从 CRAN 下载。(有关使用 RODBC 读取数据库的信息,见第 3 章。)此函数使用数据库所熟悉的 SQL 语言提供了一个到 Excel 电子表格的接口,并且不需要在您的计算机上安装 Excel。

　　该 RODBC 接口将以电子表格文件存储的各种表单作为数据库表格对待。要使用该接口,通过对 odbcConnectExcel 提供 Excel 电子表格文件的路径名称可获得一个连接对象。例如,假设一个电子表格存储在如下文件中：c:\Documents and Settings\user\My Documents\sheet.xls。要获得一个连接对象，我们可以调用：

```
> library(RODBC)
> sheet = 'c:\\Documents and Settings\\user\\My Documents
            \\sheet.xls'
> con = odbcConnectExcel(sheet)
```

请注意文件名中使用的双斜线，这是因为在 R 字符串中使用反斜杠具有特殊的意义，即告知 R 某些字符需要特殊处理。通常这样处理电子表格的第一步是查看可用的电子表格的名称。这可以通过 sqlTables 命令做到。继续当前的示例，我们可以通过发布

```
> tbls = sqlTables(con)
```

命令在 sheet.xls 电子表格中找到工作表的名称，然后检查 tbls $ TABLE_NAME，这是返回的数据框的列，其中包含工作表名称。从这点往后，每个工作表都可以当作一个单独的数据库表。因此，提取数据库的第一张工作表的内容到一个称为 data1 的数据框，我们可以使用下面的命令：

```
> qry = paste("SELECT * FROM",tbls$TABLE_NAME[1],sep=' ')
> result = sqlQuery(con,qry)
```

如果表名称包含特殊字符，如空格、括号或美元符号，那么它需要前后使后引号（'）。作为预防措施，建议在所有查询中使用后引号：

```
> qry = paste("SELECT * FROM '",tbls$TABLE_NAME[1],"'",sep="")
> result = sqlQuery(con,qry)
```

大多数 SQL 查询用这种方法都行得通。

2.11.2 gdata 程序包（所有平台）

除了使用 RODBC 包，也可以使用 gdata 包的 read. xls 函数，可从 CRAN 下载。此函数使用专为脚本语言 perl(http://perl.org)开发的一个模块，因此需要在你的计算机上安装 Perl。对于几乎所有的 Mac OS X，Unix 和 Linux 电脑都不必安装 perl，但在 Windows 系统下，有必要安装 Perl。(perl 的安装和说明，可在上述提及的网站找到。)read.xls 可以将一个电子表格的某个指定的工作表转换为逗号分隔的文件，然后调用 read. csv(见第 2.3 节)。因此，read.csv 所接受的任何选项皆可与 read. xls 一起使用。skip = 和 header = 参数在避免将标题和注解误读为数据上特别有用，而 as.is = TRUE 参数可以用来抑制因子转换。

P. 35

2.12　保存和加载 R 数据对象

在那些需要对原始数据进行大量的加工处理,以便为数据分析准备数据的情况下,将你创建的 R 对象以 R 内部的二进制形式保存可能是明智的选择。这种做法一个吸引人的特点是,这样创建的的对象可以由 R 程序在不同构造的计算机运行,使你的数据在不同计算机之间十分方便地来回移动。每一个 R 会话结束时,系统会提示你保存工作区的映像,这是工作目录中一个称为 .Rdata 的二进制文件。每当在 R 会话开头时在工作目录遇到一个这样的文件,它会自动将其加载,使所有已保存的对象可以再次在工作目录使用。因此,一个用于保存你的工作的方法是在一个 R 会话结束时要始终保存你的工作区的映像。如果你想在 R 会话的其它时间保存工作区映像,你可以使用 save.image 函数,如果调用此函数而不带参数,也会将当前工作区保存到一个在工作目录中名为 .RData 的文件。

有时,最好保存工作区的子集,而不是整个工作区。一种选择是在结束会话时使用 rm 函数删除不再需要的对象,另一种选择是使用 save 函数。save 函数接受多个参数来指定你想保存的对象,或者,另外一种方法,是通过给 save 函数的 list = 参数一个带有这些对象名称的字符向量。一旦指定了要保存的对象,唯一所需的其它的选项就是 file = 选项,指定 R 对象保存的目的地。虽然没有要求这样做,通常都使用后缀 .rda 或 .RData 来保存 R 工作区的文件。

例如,要将 R 对象 x,y 和 z 保存到一个名为 mydata.rda 的文件,可使用下面的语句:

```
> save(x,y,z,file='mydata.rda')
```

如果要保存的对象的名称存储为字符向量(例如,objects 函数的输出),可以使用 list = 参数:

```
> save(list=c('x','y','z'),file='mydata.rda')
```

P.36　　　数据一经保存,可以用 load 命令将其加载到一个正在运行的 R 会话中,唯一要求的参数是要加载的文件名称。例如,要加载 mydata.rda 文件中包含的对象,我们可以使用下面的命令:

```
> load('mydata.rda')
```

load 命令还可以通过指定其完整的文件路径来加载存放在其它目录中的

.RData文件中的工作区。

2.13 处理二进制文件

虽然存储 R 对象的自然方式是通过 save 命令,其它程序也能产生二进制文件,采用各自的格式,且不能通过 load 读取。readBin 和 writeBin 函数提供了灵活的方式来读取和写入这些文件。应当指出的是,在能够使用 readBin 读取之前,需要比较完备的关于非 R 的二进制文件格式的知识。然而,对于有详细说明的文件格式,readBin 应该能够完全访问该文件中包含的信息。每次调用 readBin 将按照需要读取尽可能多的值,但一次调用只能读取一种类型的数据。readBin 可以理解的数据类型包括双精度数值型数据,整数,字符串(尽管 readChar 和 writeChar 函数提供了更多的灵活性),复数和原始数据。如果文件中包含多种数据类型的混合,需要多次调用 readBin,通常需要给 readBin 一个连接对象,以便每次被调用时它不会自动重新打开该文件。

作为 readBin 应用的例子,考虑一个称为 data.bin 的二进制文件,由 20 条记录组成,每个包含一个整数,随后是 5 个双精度值。这样的文件可以使用 C 程序的低级别 write 函数产生。第一步是打开一个文件连接:

```
> bincon = file('data.bin','rb')
```

请注意,如果文件不是以二进制模式打开的,R 将不允许通过 readBin 或 writeBin 访问该文件,因此用'rb'在 file 函数中指定模式。("r"代表读,"b"代表二进制。)

为了提高效率起见,明智的做法是提前分配容纳 readBin 输出的向量或矩阵的内存。在这种情况下,我们可以使用一个 20×6 的矩阵,并以矩阵的行来存储整数和 5 个双精度值:

```
> result = matrix(0,20,6)
> for(i in 1:20){
+     theint = readBin(bincon,integer(),1)
+     thedoubles = readBin(bincon,double(),5)
+     result[i,] = c(theint,thedoubles)
+ }
> close(bincon)
```

P.37

一如往常,当打开一个 R 内部的连接时,最好在你结束工作后关闭该连接。

　　如果要读取的数据在写入时所用的计算机和要读入的计算机构造一样,数据读取一般没有问题。但如果是来自其它构造的二进制数据,有时会出现问题。在计算机上存储数据有两种方法,这取决于二进制值的位存储顺序。这两种被称为"小端字节序"和"大端字节序"。在一些常用的构造中,x86 及其衍生物采用小端字节序,而 PowerPC 和 SPARC 平台采用大端字节序。readBin 和 writeBin 都接受 endian(字节顺序) = 参数,它的取值为"大"、"小"或"交换"。(请注意,当使用 save 和 load 命令时字节顺序不成问题,因为在所有的计算机上,R 所保存的数据都采用相同的格式。)

　　写入二进制文件基本上和读取二进制文件相反。writeBin 只能写字符、数字、逻辑或复数值向量 ,尤其是在写入之前列表或因子必须先进行转换。

　　作为一个使用 writeBin 的实例,考虑一个从 state.x77 矩阵构造的数据框:

```
> mystates = data.frame(name=row.names(state.x77),state.x77,
+                       row.names=NULL,stringsAsFactors=FALSE)
```

请注意,stringsAsFactors = FALSE 参数是用来避免因子转换的,会导致writeBin 的失败。对于现有的数据集,该 as.character 函数可以用来将因子转换为字符变量。

　　假设我们要将 mystate 数据框的每一行的二进制版本写入一个文件,当 writeBin 转换一个字符变量时,它使用 C 编程语言的惯例,以二进制的零终止字符串。如果要读取的数据程序需要固定字段宽度,可以用 sprintf 函数将可变长度的字符值转换为固定长度的字符值。例如,为了让所有的 mystate $ name 元素的长度相同,我们可以使用 sprintf 函数如下:

```
> maxl = max(nchar(mystates$name))
> mystates$newname = sprintf(paste('%-',maxl,'s',sep=''),
+                           mystates$name)
```

如果省略了减号(一),字符串将出现在开头而非末尾。

P.38　　由于 R 知道它自己的对象类型和大小,因此没有必要明确地提供这些信息给 writeBin,但如果你想使 writeBin 对其输出使用不同的大小,可用size = 参数。请注意,使用另外大小的参数可能使其难以或无法读取其它构造下的二进制文件。

　　现在,我们可以超越 mystates 的行进行循环,首先写入字符值,然后再写数值：

```
f = file('states.bin','wb')
for(i in 1:nrow(mystates)){
    writeBin(mystates$newname[i],f)
    writeBin(unlist(mystates[i,2:9]),f)
}
```

请注意使用 unlist 将数据框的一行转换为向量适合于 writeBin。

2.14　将 R 对象写入 ASCII 格式的文件

虽然 R 采用二进制格式来存储数据（第 2.12 节）是很自然的选择，将 R 对象的内容写入到文件中还有其它的几种方式。以人类可读的（非二元）数据文件存储的想法非常有吸引力，因为大多数程序可以读取这种类型的文件，即使在最坏的情况下，你都可以通过使用一个普通的编辑器看到该文件的内容。R 提供两个函数将对象存为 ASCII 格式的文件；write 适合于和 scan 同一类型的数据（第 2.1 节），而 write.table 适合于那些通常采用 read.table 读取的数据类型（第 2.2 节）。

2.14.1　write 函数

write 函数接受 R 对象与文件或连接对象的名称，并将对象的一个 ASCII 表示写入到适当的目的地。ncolumns = 参数可以用来指定写入每一行的值的数目，它默认五个数值变量及一个字符变量。要逐步建立一个输出文件，可以使用 append = TRUE 参数。

请注意，矩阵内部按列存储，也将按此顺序被写入任何输出连接。为了按行写入矩阵，可使用其转置并适当调整 ncolumn = 参数。例如，为了将 state.x77 矩阵的值按行写入文件，可用下面的语句：

```
> write(t(state.x77),file='state.txt',ncolumns=ncol(state.x77))
```

2.14.2　write.table 函数

P.39

对于混合模式数据，如数据框，产生 ASCII 文件的基本工具是 write.table。write.table 唯一需要的参数是一个数据集或矩阵的名称；如果只有一个参数，输出将被打印在 R 控制台上，因此很容易测试将要创建的文件格式是否正确。通常情况下，第二个参数，file = 将被用于指定目的地，它既可以是一个代表一个文件的字符串也可以是一个连接(第 2.1 节)。

默认情况下,字符串由 write.table 使用,前后用引号;可使用 quote = FALSE 参数来抑制此功能。为了抑制写入文件的行名或列名,可分别使用 row.names = FALSE 或 col.names = FALSE 参数。请注意,col.names = TRUE (默认)产生与 read.table 的 head = TRUE 相同的标题。最后,sep = 参数可以用来指定一个分隔符而非空格。两种常见的选择是使用 sep = ',' (逗号分隔)或 sep = '\t' (制表符分隔)。

例如,要将 CO2 数据框写为逗号分隔文件,不带行名,保留列标题,字符串放在引号中,我们可以使用

```
> write.table(CO2,file='co2.txt',row.names=FALSE,sep=',')
```

与 read.csv 和 read.csv2 相同,函数 write.csv 和 write.csv2 也用来作为 read.table 的包装,以适当的选项设置产生逗号或分号分隔的文件。此外,gdata 程序包的 write.fwf 函数(可从 CRAN 下载),提供了一个将 R 对象写入到固定字段宽度文件的功能。

2.15　从其它程序中读取数据

有时有必要访问由 R 以外的程序创建的数据,或创建易被其它程序接受的数据。当你与他人合作时,他们可能已经用其它程序创建并保存了对象,或者他们要求你的数据格式能被他们喜欢的程序接受。你还可能会遇到一些其它情况,即某项工作有更加适合的程序,一旦你已经用该程序创建并保存了一个对象,你就想把结果读入 R。在许多情况下,最便捷的解决办法是依靠人们可读的逗号分隔的文件形式提供数据访问,因为几乎每个程序都可以读取这些文件。如果情况并非如此,或者如果要处理或创建许多数据集,此时,尝试用 R 直接读取别的程序创建的数据或将 R 数据以其它程序更加适应的格式写下来较有意义。

foreign 软件包,可以从 CRAN 下载,它提供数据读写程序,许多程序都支持其数据格式,详见表 2.3。表中的任何程序都不要求你在计算机上安装那些外部程序,例如,尽管你的计算机没有安装 Stata,你仍然可以读取和写入 Stata 文件(使用 read.dta 和 write.dta)。读取文件的函数,都需要一个文件名参数;写入文件的函数要求将数据框作为第一个参数,目标文件名作为第二个参数。所列函数中,有些还有额外的选项来控制因子转

化和变量的命名;全部细节可以在它们各自的帮助文件中找到。

表 2.3 **foreign** 软件包中的函数

P.40

函数	目　　　的
data.restore read.S	读取 data.dump 输出或用 S 第 3 版保存的对象 可用来处理更老的 Splus 对象
read.dbf	读取或写入用 DBF 文件(或 FoxPro,dBase,等)保存过的对象
read.dta write.dta	读取用 Stata(版本 5~9 对象)存储的对象 创建一个 Stata 存储对象
read.epinfo	读取 epinfo 生成的对象
read.spss	读取 SPSS 生成的对象 用 save 或 export 命令写入的
read.mtp	读取 Minitab 便携式工作表文件
read.octave	读取 GNU octave 生成的对象
read.xport	读取 SAS 导出的对象
read.systat	读取 systat 生成的对象 只适用于矩形(mtype = 1)数据

至于将数据传入别的程序,该软件包还提供了 write.foreign 程序,该程序将产生两个文件:一个包含外部程序可以读取的数据形式,而第二部分载有指令,允许外部程序读取该数据。这给那些希望使用其它非 R 程序的人提供了一个选择。目前,write.foreign 支持 SPSS,Stata 和 SAS。write.foreign 帮助页介绍了如何扩展,以支持其它程序。

要使用 write.foreign,先提供数据框的名字,连同将写入的数据文件名(datafile =),再提供第二个文件名,即用来写入的外部程序的文件(codefile =),用 package = 参数指明目标程序。例如,要创建将 R 数据框 mydata 读入 Stata 的数据和程序,可以使用下面的方式调用 write.foreign:

```
> write.foreign(mydata,'mydata.txt','mydata.stata',
+               package='Stata')
```

P.41

如果 mydata.stata 作为输入提供给 Stata,mydata.txt 保留在当前目录,它会将数据从 mydata 加载到 Stata。

就 SAS 而言,外部包中的 read.ssd 函数将依任何 SAS 数据集(不仅是那些导出格式的数据)创建一个 R 数据框,通过编写和执行一个 SAS 程序,以导出格式写入数据,然后调用 read.xport。因此,使用该程序,你的计算机上必须安装有 SAS。在这种情况下,可从 CRAN 下载 Hmisc 程序包,它提供了一些非常有用的程序,可以通过使用 SAS 软件处理 SAS 数据集。

第 3 章

R 与 数据库

虽然通常使用关系型数据库的许多任务可以很容易地在 R 中实现,还 P. 43
有一些情况下借关系型数据库之力可以很好地补充 R 的不足。一个明显
的例子是把要使用的数据存储在一个关系型数据库中。关系型数据库也
可用于将非常大的数据集的处理变得更简单。

数据库管理的话题超出了本书的范围,这里总是假设你有机会接触正
在运行的数据库,并希望你被赋予了足够的权限执行必要的数据库操作。

R 中有两种连接数据库的主要方式。第一种方式是使用许多计算机
上都有的 ODBC(开放式数据库连接,Open DataBase Connectivity)设施,第
二种方式是使用 R 中的 DBI 程序包,与需要访问的某一数据库的专门程序
一起使用。如果你的数据库有专门的软件包,你会发现相应的基于 DBI 的
程序包比 ODBC 方法表现更好。另一方面,如果你正在使用的数据库没有专
门的软件包,使用 ODBC 可能是你唯一的选择。

3.1　SQL 简介

3.1.1　导航命令

由于一台服务器可能有多个数据库,每个数据库都可能有很多表,而

由于每个表可以包含多个列(变量),因此在处理一个数据库之前有必要全面了解数据库的内容。通常由制图客户端与数据库沟通,以方便的形式提供这种信息。但 R 也可以用来创建包含此信息的数据框。表 3.1 列出了一些常见的任务和 SQL 语句用以执行这些任务,当它们与 dbGetQuery 一起使用时,将分别返回所要求的信息数据框。在表 3.1 中,关键词以大写显示,小写的条款词语将被你的任务所用到的具体内容取代。当使用命令行客户端时,每个 SQL 语句必须以分号结束,但当使用 RMySQL 接口时不需要分号。不论大小写,关键词总会被认出,但是取决于该服务器使用的 MySQL 版本,数据库、表和列名等可能会也可能不会区分大小写。

P.44

表 3.1　基本的 SQL 命令

任　　务	SQL 查询
查找可用的数据库名称	SHOW DATABASES
查找数据库中表格名称	SHOW TABLES IN database
查找表中的列名	SHOW COLUMNS IN table
查找表中的列类型	DESCRIBE table
更改默认数据库	USE database

3.1.2　SQL 基础

了解 SQL,首先要认识到,不像 R 一样,它不是一种编程语言,SQL 操作以单个的查询语句来执行,没有循环或控制语句。最重要的 SQL 命令是 SELECT。由于查询都通过单语句执行,SELECT 命令的语法有时会十分令人生畏:

```
SELECT columns or computations
    FROM table
    WHERE condition
    GROUP BY columns
    HAVING condition
    ORDER BY column   [ASC | DESC]
    LIMIT offset,count;
```

幸运的是,SELECT 语句的大部分条目都是可选的。事实上,很多查询将通过下面的命令直接检索某个表中的所有数据:

```
SELECT * FROM tablename;
```

星号(＊)的意思是"表中的所有列"。另外,还可提供逗号分隔的变量或表
达式的列表:

SELECT var1,var2,var2/var1 from tablename;

将返回三个列,与 var1,var2,以及它们的比值相对应。在 SQL 中 AS 是个
非常有用的运算符,它可以被用来改变一个结果集中列的名称。在前面的
例子中,如果我们想把第三列的名称改为"ratio",可以使用 AS 命令:

P.45

SELECT var1,var2,var2/var1 AS ratio FROM tablename;

事实上,AS 一词的使用是可选的,新列的名称可以简单地照搬旧的。在这
些例子中,我将仍使用 AS 作为关键词,因为它使查询更具可读性。这种技
术可以被用来通过另外的名字指代一个表。

为了限制这些返回的行,可以使用 WHERE 子句。可以用最常见的运算
符来确定 WHERE 子句的表达式,与关键词 AND 和 OR 一起使用。例如,要提
取一个表各行中 var1>10,并且 var2<var1 的所有列,我们可以使用:

SELECT * FROM tablename WHERE var1 > 10 AND var2 < var1;

WHERE 子句中的一个限制是它不能访问用 SELECT 语句创建的变量;在这些
情况下必须使用 HAVING 子句。因此,要找到比率大于 10 的观测,我们可以
使用如下的语句:

SELECT var1,var2,var2/var1 AS ratio
    FROM tablename HAVING ratio > 10;

注意这些简单查询和 subset 函数之间的相似性(第 6.8 节)。

SQL 中的两个运算符对于字符型变量特别有用。LIKE 运算符允许使
用"％"来代表 0 个或多个任意字符,而"_"代表 1 个字符。RLIKE 运算符允
许使用常规的表达式表示字符的比较(见第 7.4 节)。

3.1.3 综合汇总

如果你想从数据库中生成一个包含计数值的表或数据汇总表,却不想
把所有的数据读入 R,GROUP BY 子句,联同一些 SQL 提供的综合汇总函数,
是非常有用的。SQL 提供的常用汇总函数可归纳于表 3.2。例如,假设我
们想从一个名为 table 的数据库表创建一个表,包含按一个类型变量 type
分组的 x 的均值。我们可以用下面的语句创建一个包含"类型"和"均值"
的表:

```
SELECT type,AVG(x) AS mean FROM table GROUP BY type;
```

表 3.2　基本的 SQL 综合汇总(聚合)命令

任　务	SQL 汇总函数
出现次数计数	COUNT()
求均值	AVG()
求最小值	MIN()
求最大值	MAX()
求方差	VAR_SAMP()
求标准差	STDDEV_SAMP()

　　记住要把分组变量包括在选定的变量列表中,因为 SQL 不会自动做这个。由于这个例子中均值 mean 是要经过计算的,你将需要使用 HAVING 子句来限制返回的观测值为均值。

　　由于任何一个特定的表中任一列的行数始终相同,使用星号(＊)作为 COUNT 汇总函数的参数是常见的做法。要创建前例中按照 type 分类的计数表,我们可以使用:

```
SELECT type,COUNT(*) FROM table GROUP BY type;
```

若要按多个变量分组,在 GROUP BY 子句使用逗号分隔的列表做参数。

　　可以很容易地用一个单一的查询输出多个汇总统计表。假设我们要计算 x 列每种"类型"的观察数以及均值和标准差。可以使用下面的命令:

```
SELECT type,COUNT(*),AVG(x) AS mean,STDDEV_SAMP(x) AS std
    FROM accounts GROUP BY type;
```

3.1.4　两个数据库的合并

　　数据库服务器的优点之一是它们能够根据一个表中各列的共同值有效地将多个数据库表联合起来。当然,R 中的 merge 函数也具有同样的能力(见第 9.6 节),但使用数据库服务器合并效率更高。

　　合并两个表最常用的方式是内部合并,只有那些在用来合并的变量上有共同值的观测可以在输出表中保留。(这也是 merge 函数的默认操作规程。)例如,假设我们有一个表称为 children,有 id,family_id,height,weight 等列,第二个表称为 mothers,有 id,family_id 和 income。我们希

望有一个表,包含儿童的身高(height)和体重(weight)以及母亲的收入
(income)。下面的 SQL 语句将返回该表:

```
SELECT height,weight,income FROM children
    INNER JOIN mothers USING(family_id);
```

P.47

在 USING 表达式中使用的变量(在这个例子中为 family_id)被称为一个
键,有时称为外部键。如果要合并的两个表只有一个共同的变量,可以用
NATURAL JOIN 代替 INNER JOIN,USING 表达式可以省略。

现在假设我们想生成一个表,既包含儿童的 id 也包含母亲的 id。由
于两个表中都有称为 id 的变量,我们需要在列名前加表名和一个句点,对
它们进行区分。在这个例子中,我们可以使用这样的查询:

```
SELECT children.id,mothers.id,height,weight,income
    FROM children INNER JOIN mothers USING(family_id);
```

AS 运算符可以用来轻松地指代多个表以及对列进行重命名:

```
SELECT c.id as kidid,m.id as momid,height,weight,income
    FROM children AS c
    INNER JOIN mothers AS m USING(family_id);
```

3.1.5 子查询

继续当前的例子,考虑把数据库中所有家庭按家庭规模列成表格(即
具有相同 family_id 的儿童数)。可以很容易地创建一个表,包括每个
family_id 值的数目:

```
SELECT family_id,COUNT(*) AS ct FROM children
    GROUP BY family_id;
```

那么,我们怎么计算每个不同规模家庭的数目呢? 一种方法是创建一个临
时表包含 id 和 size(家庭规模),再查询该表。但在服务器上创建新表往
往是不允许的。另一种方法是使用子查询。在 SQL 中,子查询由括号括起
来,可以当做一个表来对待。子查询的一个限制是所有子查询表必须(通
过 AS 运算符)给予一个别名,即使你不直接用那个表。我们可以用下面的
查询产生家庭规模表:

```
SELECT ct,COUNT(*) as n
  FROM (SELECT COUNT(*) AS ct FROM children
        GROUP BY family_id) AS x
  GROUP BY ct;
```

当数据库操作计时使数据库无法理解一个查询时,子查询此时也很有用。比方说,我们要了解数据库中最高儿童的所有资料,可以执行以下查询:

P. 48

```
SELECT * FROM children WHERE height = MAX(height);
```

根据你使用的数据库,您可能会得到一个空集,或语法错误。为了解决这个问题,我们可以创建一个表,只包含最高的身高,然后在一个子查询中使用它:

```
SELECT * FROM children
    WHERE height = (SELECT MAX(height) as height from children);
```

3.1.6　修改数据库记录

要更改数据库中选定记录的值,可以使用 UPDATE 命令。UPDATE 语句的格式如下:

```
UPDATE table SET var=value
    WHERE condition
    LIMIT n;
```

要改变多个变量的值,可以用逗号分隔的成对的变量/值列表替换 var = value。WHERE 和 LIMIT 是可选的。如果提供了 LIMIT,更新的记录条数将被限制在该数目,即使所选的记录有些并没有真正被修改。例如,要改变一个特定 id 的人的身高和体重,我们可以使用下面的语句:

```
UPDATE children SET weight=100,height=55
    WHERE id = 12345;
```

要完全删除一个记录,可以使用 DELETE 语句。其基本语法如下:

```
DELETE FROM table
    WHERE condition
    LIMIT n;
```

如果没有一个 WHERE 子句,数据库表的所有记录将被删除,所以这种语句应谨慎使用。如果提供了 LIMIT,那么删除将以能满足 WHERE 子句条件的记录为基础进行。

最后,要完全删除整个表或数据库,DROP 语句也可以使用,例如

```
DROP TABLE tablename;
```

或

```
DROP DATABASE dbname;
```

如果要删除的表或数据库不存在,当使用 DROP 命令时,将报错。为了避免这种情况,可以在 DROP 语句中添加 IF EXISTS 子句,如

```
DROP DATABASE IF EXISTS dbname;
```

P.49

请注意,这些命令一旦发布,就会立刻对数据库产生影响,所以有必要在使用这些命令之前将数据库中的数据进行备份。

3.2 ODBC

ODBC(Open DataBase Connectivity,开放式数据库连接)设备允许通过一个共同的接口访问各种数据库。在 R 中,RODBC 包(可从 CRAN 下载)用于使用此功能。ODBC 最初是为 Windows 设计的,在 Windows 平台上可以使用最广泛的 ODBC 连接器。然而,在 Linux 和 Mac OS X 都通过 ODBC 提供数据库连接。如果你需要使用 R 不直接支持的数据库,RODBC 将可能是你最好的选择,因为许多数据库厂商提供其产品的 ODBC 连接。

使用 RODBC,第一步是建立一个 DSN 或数据源的名称。为了做到这一点,你需要知道你的计算机的名称,它将作为一个特定的数据源使用。在 Windows 上,ODBC 源管理器(通过控制面板→管理工具→数据源(ODBC)访问)用于建立 DSN。在"驱动程序"选项卡上,你可以看到你的电脑有哪些可用的连接器,以及用来访问它们的名称。如果你安装了额外的连接器,你应该看到他们在这里列出。你可以使用这个名称,每次创建一个连接时提供额外的连接细节,也可以创建一个新的 DSN,将这个过程自动化。要创建一个新的 DSN,点击 User DSN 选项卡下的"添加"按钮,然后从弹出窗口中选择适当的驱动程序,然后点击"完成"。此时会出现你所使用的数据库的专用对话框,你填写上需要的信息即可创建 DSN。请一定要注意你使用的数据源名称,因为这决定着 ODBC 连接是怎样规定的。

在 Mac OS X 下,ODBC 管理器(可以在/应用程序/实用工具(/Applications/Utilities)文件夹中找到)执行类似的功能。你可以查看"驱动程序"选项卡,看有哪些驱动程序可用,或选择 User DSN 选项卡,然后点击"添加"创建一个新的 DSN,选择一个驱动程序后,可以使用适当的关键词/值对来对你使用的特殊的数据库进行配置。

要使用 Linux 系统的 RODBC 包,必须首先安装 unixodbc 程序库。大多数 Linux 版本都很容易安装这个程序库。UNIXODBC 的配置由两个文件控

制：odbcinst.ini 和 odbc.ini。第一个文件包含可用的 ODBC 驱动程序，第二个文件用来定义其它的 DSN，如果需要的话。例如，下面是一个 odbc.ini 文件，它使用 MySQL ODBC 驱动程序定义一个 DSN，称为 myodbc：

P.50

```
[myodbc]
Driver       = MySQL
Description  = MySQL ODBC 2.50 Driver DSN
Server       = localhost
Port         = 3306
User         = user
Password     = password
Database     = test
```

方括号内的名称（这里是 myodbc）是正在定义的 DSN；通过启动一个新程序，将 DSN 放在括号中，可以在一个文件中定义多个 DSN。要使用一个驱动程序，必须在 odbcinst.ini 文件中定义。该文件中的特定关键词，将取决于所使用的连接器。

大多数系统默认 UNIXODBC 的这两个配置文件在/ etc 目录。要指定一个不同的 odbc.ini 位置，将环境变量 ODBCINI 设置到完全合格的文件名中，指定一个不同的 odbcinst.ini 位置，将环境变量 ODBCSYSINI 设置到一个目录，可在其中找到 odbcinst.ini。

3.3　使用RODBC 包

加载 RODBC 包后，如果你配置了一个 DSN，提供连接和访问你的数据库的所有必要信息，你可以通过将 DSN 赋予 odbcConnect 函数创建连接。假设我们有一个 DSN，命名为 myodbc，要连接到 MySQL 数据库，我们提供了服务器（server）、用户名（username）、密码（password）以及以 DSN 定义的数据库（database）。然后我们可以通过 RODBC 创建一个连接如下：

```
> library(RODBC)
> con = odbcConnect('myodbc')
```

定义该连接的其它关键词可以在 DSN 参数中通过用分号将 keyword = value 以隔开的方式提供。例如，如果一个 DSN 未经指定所需的密码而创建，数据库可以如下方式访问：

```
> con = odbcConnect('myodbc;password=xxxxx')
```

其它可能的关键词取决于特定的数据源。对于 MySQL,这些关键词包括服务器(server)、用户(user)、密码(password)、端口(port)和数据库(database);对于 PostgreSQL,用 user 代替 username。

一旦你已经连接到 ODBC 源,sqlQuery 函数允许任何有效的 SQL 查询被发送到该连接,即使 SQL 不是所指数据库的母语也没问题。通过一个连接和一个查询,sqlQuery 将返回一个数据框,包含查询的全部结果。P.51sqlQuery 的 max=参数将限制返回的行数,可以跟一个重复调用 sqlGetResults(也用适当的 max=参数)将查询分成小块进行。

为了避免使用不必要的资源,当不再需要 ODBC 连接对象时,应当用 odbcClose 函数将其关闭。

3.4　DBI 包

R 最常使用的数据库是 MySQL(http://mysql.com)。这个免费的数据库运行在各种平台,且相对容易配置和操作。

在下面的章节中,我们将看看如何使用 RMySQL 包,作为使用 DBI 包的例子。

3.5　访问 MySQL 数据库

访问 MySQL 数据库的第一步是载入 MySQL 软件包。这个包会自动加载所需的 DBI 包,它为不同的数据库提供了一个共同的接口。接下来,通过 dbDriver 函数加载 MySQL 驱动程序,使 DBI 接口知道它正连接的是什么类型的数据库:

```
> library(RMySQL)
> drv = dbDriver("MySQL")
```

现在,数据库连接的细节可以通过 dbConnect 函数提供。这些细节包括数据库名称,数据库用户名和密码,运行数据库的主机名称。如果数据库和 R 会话在同一台计算机上运行,主机名可以省略。例如,要通过主机"sql.company.com"上的用户名称"sqluser"和密码"secret",访问一个称为"test"的数据库,可如下调用 dbConnect:

```
> con = dbConnect(drv,dbname='test',user='sqluser',
+                 password='secret',host='sql.company.com')
```

整个会话中 dbDriver 和 dbConnect 只需要调用一次。请注意,dbConnect 的 dbname 值可能代表了很多表格,所使用的具体的表通过发送到数据库的查询来指定。

你可以通过 dbDisconnect 关闭未使用的 DBI 的连接对象。

3.6　执行查询

P.52　　SQL 查询要求返回一个或多个数据库表的所有变量或部分变量,所以在 R 中自然采用数据框将这些查询结果打包。在大多数情况下,一次调用 dbGetQuery 可以用来向数据库发送一个查询,生成的表作为数据框返回。例如,如前一节所述,假设我们已经连接到数据库"测试(test)",我们希望从一个称为"mydata"的表中提取所有的变量。经过适当的调用 dbDriver 和 dbConnect,我们可以用下面的命令检索数据:

```
> mydata = dbGetQuery(con,'select * from mydata')
```

任何有效的 SQL 查询可以通过该方法传递给数据库。

在数据需要分块处理的情况下,dbSendQuery 函数可用于启动查询,而 fetch 函数可以通过 dbSendQuery 结果顺序访问该查询的结果。一旦通过 fetch 提取了所有需要的数据,从 dbSendQuery 得到的结果应该传递给 db-ClearResult 函数,以保证下个查询会得到妥善处理。(当使用 dbGetQuery 时,没有必要在查询的结尾调用一个额外的函数。)注意,在默认情况下,该 fetch 函数一次将返回 500 个记录,这可以通过 n = 参数改写,用 -1 表示所有可用的记录,或一个整数来指定所需的记录数。

3.7　规范化的表

规范化原则对于数据库设计至关重要。规范化的目标是消除在数据库表中存储的信息冗余。为了实现这一目标,R 中的单一的数据框在数据库中可分为多个表。例如,假设我们在处理一个数据库,它包含生成某种产品的零部件信息。如果我们将部件的名称、供应商名称以及所有部件的价格都存储在一个数据库中,那么对于一个供应商我们将有信息相同的多个记录。在一个进行了适当规范化的数据库,将有两个表;其中之一包含部件名称和价格,另一个是部件供应商的 id。此 ID,称为钥或外钥,在第二

个包含供应商信息的表中只能出现一次。假设第一个表被称为 parts,各
列为 name,price 和 supplierid,第二个表称为 suppliers,包含 Suppli-
erid 和 name 两列。我们的目标是创建一个数据框,包含部件名称、价格以
及供应商名称。将我们需要的表读取到一个数据框,用一个适当的查询,
可以写成:

P.53

```
> result = dbGetQuery(con,'SELECT parts.name,parts.description,
+                            supplier.name AS supplier
+                            FROM parts INNER JOIN
+                            suppliers USING(supplierid)')
```

如果你熟悉 SQL,使用数据库合并表才能实现,特别是当表很大时更是如
此。但是,也可以检索表的全部内容,在 R 中进行合并:

```
> parts = dbGetQuery(con,'SELECT * FROM parts')
> suppliers = dbGetQuery(con,'SELECT * FROM suppliers')
> result = merge(parts,suppliers,by='supplierid')
```

这个简单的解决方案具有可行性,但忽略了初始规范化数据库表背后的动
机,即避免冗余。供应商名称变量被存储为字符变量,其值在 result 数据
框中同一供应商的每一条记录中重复出现。一种更有效的解决办法需要
我们注意 suppliers 表和 R 中的因子的相似性。supplierids 代表一个因
子的水平,而 names 代表标签。因此,我们可以创建一个数据框,将供应商
按照因子来保存,代码如下:

```
> parts = dbGetQuery(con,'SELECT * FROM parts')
> suppliers = dbGetQuery(con,'SELECT * FROM suppliers')
> result = data.frame(name=parts$name,price=parts$price,
+                       supplier=factor(parts$supplierid,
+                       levels=suppliers$supplierid,
+                       labels=suppliers$name))
```

由于 data.frame 函数自动将字符变量转换为因子,所以 name 和 supplier
都将被存储为因子。

3.8 将数据读入 MySQL

如果你的数据已经在一个 R 对象中,可以很容易地用 dbWriteTable
函数将它转换为一个数据库,它接受的连接对象与 dbGetQuery 所使用的相
同。通过对 dbWriteTable 使用 append = TRUE 参数,可以使用较小的数段

建立一个大型数据库表。

　　如果需要从原始数据直接创建数据表,有必要首先使用 CREATE TABLE 语句说明表中每一列的性质。例如,有一种方法,可采用如下的语句创建名为 mydata 的表并包括各列的名称(一个字符变量)和数字(一个浮点值):

```
CREATE TABLE mydata (name text, number double);
```

P.54　这个语句可以通过 dbGetQuery(虽然它不会返回任何值)提交给 MySQL。为了与此相仿更容易地生成这个语句,可以使用 dbBuildTableDefinition 函数;它会生成适当的语句来创建一个数据库,适合 R 数据框的需要。继续当前的例子,我们可以在 R 中生成 CREATE TABLE 语句,方法如下:

```
> x = data.frame(name='',number=0.)
> cat(dbBuildTableDefinition(dbDriver('MySQL'),
+                            'mydata',x),"\n")
CREATE TABLE mydata
( row_names text,
        name text,
        number double
)
```

为了抑制 row_names 列,可以使用 row.names = FALSE 的参数。dbBuildTableDefinition 的输出可直接传递到 dbGetQuery 创建数据库表。如果你想创建一个与现有的表相同规格的表,可以在 CREATE TABLE 语句中使用 LIKE 子句,如

```
CREATE TABLE newtable LIKE oldtable;
```

若要了解现有的表格如何在数据库中存储,可以使用 DESCRIBE TABLE 语句。

　　一旦表已创建,需要输入实际数据。SQL INSERT 命令可以用来添加一个或更多的观测到一个数据库表中。当由 CREATE TABLE 命令定义的列按照其在数据库表中存储的顺序输入表时,所需要的只是 VALUES 关键词:

```
INSERT INTO mydata VALUES('fred',7);
```

如果要输入的值与其在数据库表中存储的顺序不同,就需要使用括号中逗号分隔的列表,描述将要使用的顺序,放在关键词 VALUES 之前。因此,要增加一个观测只需要在 name 值之前指定 number 值。可以使用下面的 SQL 命令:

```
INSERT INTO mydata (number,name) values(7,'fred');
```

要添加额外观测,额外的、在括号中的、用逗号分隔的列表,其本身被逗号分隔,可以添加在 INSERT 命令的末尾。下面的命令在 mydata 表中添加了两个新的观测:

INSERT INTO mydata VALUES('tim',12),('sue',9);

但是,总的来说,通过一个外部程序或通过 LOAD DATA 命令,用一个调用将所有数据插入到数据库较好。对于 MySQL,mysqlimport shell 命令可以用来将全部文件中的数据读入数据库表中。它的参数中有 -- local,它指定该数据是本地的,而非在服务器上,-- delete,它确保在创建新表之前,与当前表名称相同的任何内容都被删除,而 -- fields - terminated - by = 和 -- lines - terminated - by = 分别提供了字段和行的终结符。除了这些可选参数,- u username 选项提供 MySQL 的用户名,- h hostname 选项提供运行 MySQL 服务器的机器名称,- p 选项告诉服务器提示输入密码,在建立一个数据库连接时都可能需要。此外,由于 MySQL 服务器无法读标题行,-- ignore - lines = 1 参数可以用来跳过标题行。

P.55

例如,要读取一个称为 mydata.txt 的逗号分隔的文本文件到一个 MySQL 数据库,名为 test,可在终端窗口中输入下面的 shell 命令:

```
mysqlimport -u sqluser -p --delete --local \
            --fields-terminated-by=',' test mydata.txt
```

请注意,mysqlimport 通过删除包含该数据的文件名(在这个例子中 mydata.txt)的后缀确定表名。像 LOAD DATA 命令一样,在使用 mysqlimport 之前,必须先创建用于容纳数据的表。

相同的操作也可以通过将 MySQL 语句发送到服务器来进行。假设已取得一适当的连接对象,我们可以用如下方式调用 dbGetQuery,将 mydata.txt 文件加载到数据库中:

```
> dbGetQuery(con,"LOAD DATA INFILE 'mydata.txt'\
            INTO TABLE mydata\  FIELDS TERMINATED BY ','")
```

一旦数据加载到数据库中,可以用 SELECT 语句创建数据的子集,使 R 可以处理。

3.9 更复杂的汇总

dbApply 函数可以用来将用户指定的 R 函数应用到从数据库中提取的

一组数据。若要使用 dbApply,首先要通过调用 dbSendQuery 创建一个结果集对象,使用 ORDER BY 子句,以保证该数据将按适当的顺序被引入 R。接着,结果集对象可以被传递给 dbApply,还有用来指定分组变量的 INDEX=参数以及用来指定每个组所用函数的 FUN=参数。此函数必须接受两个参数:第一个是数据框,包含某一给定组所要求的数据,第二个是分组变量的值。例如,假设我们有一个数据库表,称为 cordata,包括 group,x 和 y 三列,并且希望按组别找到 x 和 y 之间的相关性。首先,我们使用 db-SendQuery 创建结果集对象:

P.56

```
> res1 = dbSendQuery(con,
+           'SELECT group,x,y FROM cordata ORDER BY group')
```

现在我们可以将这个结果集对象传递给 dbApply 以得到结果:

```
> correlations = dbApply(res1,INDEX='group',
+                 FUN=function(df,group)cor(df$x,df$y))
```

从 dbApply 返回的 correlations,将是相关系数的列表,其名称代表 group 变量的水平。

如果某个数据库没有 dbApply 函数,或者汇总过程需要控制的更多,下面的函数显示了另一种将函数应用在数据子集的方法:

```
mydbapply = function(con,table,groupv,otherv,fun){
    query = paste('select ',groupv,' from ',table,
                    ' group by ',groupv,sep='')
    queryresult = dbGetQuery(con,query)
    answer = list()
    k = 1
    varlist = paste(c(groupv,otherv),collapse=',')
    for(gg in queryresult[[groupv]]){
        qry = paste('select ',varlist,' from ',table,'
                    where ', groupv,' = "',gg,'"',sep='')
        qryresult = dbGetQuery(con,qry)
        answer[[k]] = fun(qryresult)
        names(answer)[k] = as.character(gg)
        k = k + 1
    }
    return(answer)
}
```

mydbapply 的参数是 con,可以激活数据库连接对象,groupv,是代表用来分组的数据库的列的字符串,otherv,是一个字符向量,包含需要从数据库中提取的数据库其它列的名称,fun,是用来对包含分组变量及其它变量的数据框进行操作的函数。前一节的例子可以使用 mydbapply 执行如下:

```
> correlations = mydbapply(con,'cordata','group',c('x','y'),
                    function(df)cor(df$x,df$y))
```

第 4 章

日　　期

P.57　　R 提供处理日期和日期/时间数据的几种方法。内置的 as.Date 函数处理日期(无时间);个人贡献的 chron 包则既处理日期也处理时间,但不控制时区;而 POSIXct 和 POSIXlt 则处理日期和时间,同时允许控制时区。R 中日期和时间数据处理的一般规则是尽可能使用最简单的技术。因此,对于只有日期的数据,as.Date 通常是最好的选择。如果你需要处理日期和时间数据,而没有时区的信息,那么 chron 包是一个不错的选择;当时区操作非常重要时 POSIX 特别有用。另外,当有必要进行不同类型的日期转换时,不要忽略了各种"as."函数(如 as.Date 和 as.POSIXlt)。

　　除 POSIXlt 外,日期都作为自某一参照日期的天或秒数存储在 R 内部。因此,在 R 中,日期一般采用数字模式,而 class 函数可以用来查找它们实际的存储方式。POSIXlt 将日期/时间存储为列表(包括 hour,min,sec,mon 等时间值),使提取这些列表的组件比较方便。

　　要获取当前日期,Sys.Date 函数将返回一个 Date 对象,如有必要可以被转换为不同的类。

　　以下各节将详细描述日期值的不同类型。

4.1 as.Date

通过 format = 参数,as.Date 函数允许各种格式的输入。默认格式是一个四位数年份,其次是月,然后是日,用破折号或斜线隔开。as.Date 默认接受的日期类型实例如下:

P.58

```
> as.Date('1915-6-16')
[1] "1915-06-16"
```

表 4.1　日期格式代码

代码	值
%d	日期(十进制数)
%m	月份(十进制数)
%b	月份(缩略的)
%B	月份(全称)
%y	年(2 位数)
%Y	年(4 位数)

如果你输入的日期是标准格式,格式字符可以套用表 4.1 中显示的内容进行编写。下面的例子说明其使用方法:

```
> as.Date('1/15/2001',format='%m/%d/%Y')
[1] "2001-01-15"
> as.Date('April 26, 2001',format='%B %d, %Y')
[1] "2001-04-26"
> as.Date('22JUN01',format='%d%b%y')
[1] "2001-06-22"
```

在 R 内部,日期对象是自 1970 年自 1 月 1 日起至所指日期的天数,如果早于此日期则为负数。as.numeric 函数可以用来将 Date 对象转换到它的内部形式。如要将这种形式再转换成一个 Date 对象,可以直接指定一个 Date 类型:

```
> thedate = as.Date('1/15/2001',format='%m/%d/%Y')
> ndate = as.numeric(thedate)
> ndate
[1] 11337
```

```
> class(ndate) = 'Date'
> ndate
[1] "2001-01-15"
```

要提取日期的组成部分,可以使用 weekdays,months,days 或 quarters 函数。例如,要查看 R 的开发者是否特别喜好一个星期中的某一天作为新版本的公布日期,我们可以先用如下的程序从 CRAN 网站提取其发布日期:

```
f = url('http://cran.cnr.berkeley.edu/src/base/R-2','r')          P.59
rdates = data.frame()
while(1){
    l = readLines(f,1)
    if(length(l) == 0)break
    if(regexpr('href="R-',l) > -1){
            parts = strsplit(l,' ')[[1]]
            rver = sub('^.*>(R-.*).tar.gz.*','\\1',l)
        date = parts[18]
        rdates = rbind(rdates,data.frame(ver=rver,Date=date))
        }
}
rdates$Date = as.Date(rdates$Date,'%d-%B-%Y')
```

然后,再以 weekdays 函数将日期以如下方式列出:

```
> table(weekdays(rdates$Date))

 Monday Thursday  Tuesday
      5        3        4
```

星期一、星期四和星期二似乎是新版本发布的好日子。

关于提取日期的另一种方法以及 Date 对象的所有输出格式,见第 4.3 节。

4.2 chron 包

chron 函数将日期和时间转换成 chron 对象。日期和时间作为独立值提供给 chron 函数,所以在准备将日期/时间输入 chron 函数之前需要进行一些预处理。当使用字符值时,默认的日期格式是十进制月份值后接十进制日期值,最后是年份,使用斜杠作为分隔符。其它格式可使用表 4.2 所示的代码。

另外,可以由一个数字值指定日期,代表自 1970 年 1 月 1 日起的天数。

要输入某年某日的日期,可用 origin = 参数来解释相对于某一不同日期的数值型日期。

时间的默认格式包括小时、分、秒,用冒号分隔。其它格式可以使用表 4.2 的代码。

通常,在第一次使用 chron 包时,如果日期和时间存储在一起,应首先将其分开。在下面的例子中,使用 strsplit 函数拆分字符串。

P.60

表 4.2   chron 对象的格式代码

日期格式代码	
代码	值
m	月(十进制数)
d	日(十进制数)
y	年(4 位数)
mon	月(缩略)
month	月(全称)
时间格式代码	
代码	值
h	小时
m	分钟
s	秒

```
> library(chron)
> dtimes = c("2002-06-09 12:45:40","2003-01-29 09:30:40",
+            "2002-09-04 16:45:40","2002-11-13 20:00:40",
+            "2002-07-07 17:30:40")
> dtparts = t(as.data.frame(strsplit(dtimes,' ')))
> row.names(dtparts) = NULL
> thetimes = chron(dates=dtparts[,1],times=dtparts[,2],
+                  format=c('y-m-d','h:m:s'))
> thetimes
[1] (02-06-09 12:45:40) (03-01-29 09:30:40) (02-09-04 16:45:40)
[4] (02-11-13 20:00:40) (02-07-07 17:30:40)
```

时间值在内部存储为自 1970 年 1 月 1 日的小数值。as.numeric 功能可用于访问内部的时间值。

如果时间存储为自午夜以来的秒数,可以由 POSIX 处理(见第 4.3 节)。

有关 chron 对象格式化输出的信息,请参阅第 4.3 节。

4.3 POSIX 类

POSIX 代表便携式操作系统界面,主要用于 UNIX 系统,但在其它操作系统中也有。POSIX 存储的日期格式是日期/时间值(像 chron 包那样),而且还允许修改时区。不同的是 chron 包存储的时间是日的小数,而 POSIX 类存储的是最接近的秒,所以它提供了对时间的更准确的陈述。

POSIX 有两个日期/时间类,这与该值的内部存储方式不同。POSIXct 类将日期/时间值作为自 1970 年 1 月 1 日以来的秒数存储,而 POSIXlt 类将其作为一个具有秒、分、小时、日、月和年等元素的列表存储。除非你需要 POSIXlt 类列表的性质,POSIXct 类才是在 R 中存储日期的一般选择。 P.61

POSIX 的日期为默认输入格式包括年、月和日,由斜杠或破折号分开;对于日期/时间值,日期后可能跟空格,而时间的形式为小时:分钟:秒或小时:分钟;以下是有效的 POSIX 日期或日期/时间输入的例子:

```
1915/6/16
2005-06-24 11:25
1990/2/17 12:20:05
```

如果输入的时间对应于这些格式之一,as.POSIXct 可以直接调用:

```
> dts = c("2005-10-21 18:47:22","2005-12-24 16:39:58",
+          "2005-10-28 07:30:05 PDT")
> as.POSIXlt(dts)
[1] "2005-10-21 18:47:22" "2005-12-24 16:39:58"
[3] "2005-10-28 07:30:05"
```

如果你输入的日期/时间存储为自 1970 年 1 月 1 日来的秒数,你可以通过直接对那些值指定适当的类创建 POSIX 的日期值。由于许多日期操作函数是指 POSIXt 伪类,一定要保证将其包含在值的类属性中。

```
> dts = c(1127056501,1104295502,1129233601,1113547501,
+          1119826801,1132519502,1125298801,1113289201)
> mydates = dts
> class(mydates) = c('POSIXt','POSIXct')
```

```
> mydates
[1] "2005-09-18 08:15:01 PDT" "2004-12-28 20:45:02 PST"
[3] "2005-10-13 13:00:01 PDT" "2005-04-14 23:45:01 PDT"
[5] "2005-06-26 16:00:01 PDT" "2005-11-20 12:45:02 PST"
[7] "2005-08-29 00:00:01 PDT" "2005-04-12 00:00:01 PDT"
```

这样的转换使用 structure 函数可以做得更简洁：

```
> mydates = structure(dts,class=c('POSIXt','POSIXct'))
```

POSIX 类的日期/时间利用了你的操作系统实施 POSIX 日期/时间的
优势,允许 R 中的日期和时间采用与系统同样的方式进行操作,比如说 C
程序。在这方面,最重要的两个函数是 strptime 和 strftime,分别用来输
入日期和将日期格式化并输出。这些函数都使用不同的格式代码,其中一
些在表 4.3 中列出,以指定日期阅读或打印的方式。

P.62

表 4.3   strftime 和 strptime 的格式代码

代码	含　义	代码	含　义
%a	普通日的缩略语	%A	普通日的全称
%b	月的缩略语	%B	月份的全称
%c	特定的日期和时间	%d	十进制日期
%H	十进制小时(24 小时)	%I	十进制小时(12 小时)
%j	十进制日(按年算)	%m	十进制月
%M	十进制分钟	%p	特定的上午/下午
%S	十进制秒	%U	十进制周(从星期日开始)
%w	十进制普通日(0 = 星期日)	%W	十进制周(从星期一开始)
%x	特定的日期	%X	特定的时间
%y	两位数年	%Y	4 位数年
%z	与格林尼治标准时间的偏差	%Z	时区(字符)

例如,许多日志文件的日期都以类似于"16/Oct/2005:07:51:00"的格
式打印。要以 POSIXct 创建这种格式的、自某日以来的日期,可如下调用
strptime：

```
> mydate = strptime('16/Oct/2005:07:51:00',
+                    format='%d/%b/%Y:%H:%M:%S')
[1] "2005-10-16 07:51:00"
```

请注意,不规格的字符(如斜线)都按照字面意思解释。

当使用 strptime 时,可用 tz = option 指定一个可选的时区。

由于 POSIX 的日期/时间值在内部作为自 1970 年 1 月 1 日以来的秒数存储,他们可以很容易地使用不是由小时、分钟和秒等格式化代表的时间。例如,假设我们有一个日期/时间值向量,存储格式为日期后跟随自午夜计算的秒数:

```
> mydates = c('20060515 112504.5','20060518 101000.3',
+             '20060520 20035.1')
```

第一步是将日期和时间分开,然后使用 strptime 将日期转换为 POSIXct 值。最后,便可以简单地将时间添加到这个值上:

```
> dtparts = t(as.data.frame(strsplit(mydates,' ')))
> dtimes = strptime(dtparts[,1],format='%Y%m%d') +
+                       as.numeric(dtparts[,2])
> dtimes
[1] "2006-05-16 07:15:04 PDT" "2006-05-19 04:03:20 PDT"
[3] "2006-05-20 05:33:55 PDT"
```

另一种创建 POSIX 日期的方法是将时间的个别构件传递给 ISOdate 函数。因此,前面例子中第一个日期/时间值也可以通过调用 ISOdate 创建:

```
> ISOdate(2006,5,16,7,15,04,tz="PDT")
[1] "2006-05-16 07:15:04 PDT"
```
P.63

ISOdate 可以接受数值型和字符型的参数。

为输出格式化的日期,format 函数能够识别你输入的日期类型,并在调用 strftime 之前执行任何必要的转换,所以很少需要直接调用 strftime。例如,要打印扩展格式的日期/时间值,我们可以使用:

```
> thedate = ISOdate(2005,10,21,18,47,22,tz="PDT")
> format(thedate,'%A, %B %d, %Y %H:%M:%S')
[1] "Friday, October 21, 2005 18:47:22"
```

当使用 POSIX 日期时,可以指定 format 函数的可选参数 usetz = TRUE 以表明应该显示的时区。此外,as.POSIXlt 和 as.POSIXct 还可以接受 Date 或 chron 对象,因此它们可以按照前节描述的方式输入,在必要时,也可以转换。也可以在 POSIX 的两种格式之间进行转换。

提取 POSIX 日期/时间对象的各个组件时,可以通过先转换为 POSIXlt——如有必要,然后直接访问组件:

```
> mydate = as.POSIXlt('2005-4-19 7:01:00')
> names(mydate)
[1] "sec"    "min"    "hour"   "mday"   "mon"    "year"
[7] "wday"   "yday"   "isdst"
> mydate$mday
[1] 19
```

4.4   日期的处理

许多统计汇总函数,比如均值(mean)、最小值(min)、最大值(max)等能够透明地处理日期对象。例如,考虑 R 从 1.0 到 2.0 的各种版本的发布日期:

```
> rdates = scan(what="")
1: 1.0 29Feb2000
3: 1.1 15Jun2000
5: 1.2 15Dec2000
7: 1.3 22Jun2001
9: 1.4 19Dec2001
11: 1.5 29Apr2002
13: 1.6 1Oct2002
15: 1.7 16Apr2003
17: 1.8 8Oct2003
19: 1.9 12Apr2004
21: 2.0 4Oct2004
23:
```
P.64
```
Read 22 items
> rdates = as.data.frame(matrix(rdates,ncol=2,byrow=TRUE))
> rdates[,2] = as.Date(rdates[,2],format='%d%b%Y')
> names(rdates) = c("Release","Date")
> rdates
   Release       Date
1      1.0 2000-02-29
2      1.1 2000-06-15
3      1.2 2000-12-15
4      1.3 2001-06-22
5      1.4 2001-12-19
6      1.5 2002-04-29
7      1.6 2002-10-01
```

```
8      1.7 2003-04-16
9      1.8 2003-10-08
10     1.9 2004-04-12
11     2.0 2004-10-04
```

一旦日期被适当地读入 R,便可以执行各种计算:

```
> mean(rdates$Date)
[1] "2002-05-19"
> range(rdates$Date)
[1] "2000-02-29" "2004-10-04"
> rdates$Date[11] - rdates$Date[1]
Time difference of 1679 days
```

4.5 时间间隔

如果两个时间(使用日期或日期/时间的任何一类)作减法计算,R 将返回一个时间差,它代表一个 difftime 对象。例如,纽约市在 1977 年 7 月 13 日经历了一次大停电,另一次是在 2003 年 8 月 14 日。要计算两次停电之间的时间间隔,我们可以使用任何一种介绍过的类,简单地用两个日期去减:

```
> b1 = ISOdate(1977,7,13)
> b2 = ISOdate(2003,8,14)
> b2 - b1
Time difference of 9528 days
```

如果喜欢另一种时间单位,可以调用 difftime 函数,使用可选的 units = 参数,该参数可用下列值之一:"auto","secs","mins","hours","days",或 "weeks"。因此,要看到两次停电之间以星期计算的时间差,我们可以使用

```
> difftime(b2,b1,units='weeks')
Time difference of 1361.143 weeks
```

P.65

虽然 difftime 的数值与单位一起显示,他们也可以像普通数值变量那样操作;这些值经过算术运算将保留原单位。

要将日时间差转换为以年为单位,一个很好的近似方法是将日数除以 365.25。然而,difftime 值将以日为单位显示。如要修改,可以修改对象的 units 属性:

```
> ydiff = (b2 - b1) / 365.25
> ydiff
Time difference of 26.08624 days
> attr(ydiff,'units') = 'years'
> ydiff
Time difference of 26.08624 years
```

4.6 时间序列

seq 函数的 by= 参数既可以指定为一个 difftime 值,也可以采用 dif-
ftime 函数能接受的任何单位,这使它可以很方便地生成日期序列。例如,
要生成 10 个日期的向量,起始日期为 1976 年 7 月 4 日,间隔为 1 日,我们
可以使用:

```
> seq(as.Date('1976-7-4'),by='days',length=10)
 [1] "1976-07-04" "1976-07-05" "1976-07-06"
 [4] "1976-07-07" "1976-07-08" "1976-07-09"
 [7] "1976-07-10" "1976-07-11" "1976-07-12"
[10] "1976-07-13"
```

除 chron 外,所有的日期类都接受一个整数,放在由 by= 参数提供的时间
间隔之前。我们可以创建一个间隔为两个星期的日期序列,自 2000 年 6 月
1 日始,至 2000 年 8 月 1 日终,具体程序如下:

```
> seq(as.Date('2000-6-1'),to=as.Date('2000-8-1'),by='2 weeks')
[1] "2000-06-01" "2000-06-15" "2000-06-29" "2000-07-13"
[5] "2000-07-27"
```

cut 函数也接受日、周、月、年等单位,这使它可以很容易地创建以这些单位
分组的因子。详情请参见第 5.5 节。

格式代码也可以被用来提取日期的各部分,作为在第 4.3 节中描述的
weekdays 及其它函数之外的另一种选择。我们可以看看 R 发行日期在工
作日的分布:

P.66

```
> table(format(rdates$Date,'%A'))

  Monday Thursday  Tuesday
       5        3        4
```

同样的技术可用于将日期转换为因素。例如,要以发布日期为基础创建按

年分组的一个因素，我们可以使用：

```
> fdate = factor(format(rdates$Date,'%Y'))
> fdate
 [1] 2004 2004 2005 2005 2005 2005 2006 2006 2006 2006
     2007 2007
Levels: 2004 2005 2006 2007
```

第 5 章

因　子

从概念上讲,因子是 R 中的变量,它只能取有限的几个不同值;这种变 P.67
量通常被称为类型变量。因子最重要的用途之一是应用于统计建模;由于
类型变量进入统计模型的方式与连续型变量不同,将数据保存成因子可确
保模型函数能够正确地处理这类数据。

5.1　因子的使用

R 中的因子存储为整数值的向量,有一组相应的字符值与其相对应,
当显示因子时要用到这些字符值。factor 函数用于创建因子。factor 函
数唯一需要的参数是一个数值向量,此函数返回一个因子值向量。数值型
变量和字符型变量都可转换成因子,但一个因素的水平将永远是字符值。
你可以通过调用 levels 函数看到一个因子可能的水平;而 nlevels 函数将
返回一个因素的水平数。

要更改默认显示水平排列顺序,levels = 参数可以设为该变量所有可
能值的向量,按照你希望的顺序排列。如果在进行比较时还要使用该顺
序,可使用可选的 ordered = TRUE 参数。在这种情况下,该因子被称为有序
的因子。

显示因子值时要用到因子的水平。在创建因子时,你可以通过应用 labels = 参数赋予向量新值改变这些水平。请注意,这实际上改变了因子内部的水平,而在因子被创建后改变其标签,要用到 levels 函数的赋值形式。为了说明这一点,考虑一个包含整数值的因素,我们希望其显示为罗马数字:

P.68
```
> data = c(1,2,2,3,1,2,3,3,1,2,3,3,1)
> fdata = factor(data)
> fdata
 [1] 1 2 2 3 1 2 3 3 1 2 3 3 1
Levels: 1 2 3
> rdata = factor(data,labels=c("I","II","III"))
> rdata
 [1] I   II   II   III I    II   III III I    II   III III I
Levels: I II III
```

要将默认的因子 fdata 转换为罗马数字,我们使用 levels 函数的赋值形式:

```
> levels(fdata) = c('I','II','III')
> fdata
 [1] I   II   II   III I    II   III III I    II   III III I
Levels: I II III
```

　　因素代表存储字符值的一个非常有效的方式,因为每一个不同的字符值只存储一次,而数据本身是作为一个整数向量存储。正因为如此,read.table 将自动将字符变量转换为因子,除非指定了 as.is = TRUE 或 stringsAsFactors = FALSE,或 stringsAsFactors 系统选项设置为 FALSE。详情请参见 2.2 节。

　　作为一个有序的因子的例子,考虑包含月份名称的数据:

```
> mons = c("March","April","January","November","January",
+ "September","October","September","November","August",
+ "January","November","November","February","May","August",
+ "July","December","August","August","September","November",
+ "February","April")
> mons = factor(mons)
> table(mons)
mons
    April    August  December  February   January      July
        2         4         1         2         3         1
    March       May  November   October September
        1         1         5         1         3
```

虽然月份有明显的顺序，并没有反映在 table 函数的输出中。此外，比较运算符不支持无序因子。创建一个有序的因子即可解决这些问题：

```
> mons = factor(mons,levels=c("January","February","March",
+               "April","May","June","July","August","September",
+               "October","November","December"),ordered=TRUE)
> mons[1] < mons[2]
[1] TRUE

> table(mons)                                                    P.69
mons
  January  February     March     April       May      June
        3         2         1         2         1         0
     July    August September   October  November  December
        1         4         3         1         5         1
```

水平显示的次序是由它们出现在 factor 函数的 levels = 参数中的次序来决定的。

就前面的例子来说，因子的水平有自然顺序。有时，需要根据因子的性质对因子重新排序。例如，考虑 InsectSpray 数据框，其中包括当一个试验单位采用 6 种喷剂（spray）之一处理后昆虫的数量（count）。spray 变量按默认的排序存储为因子：

```
> levels(InsectSprays$spray)
[1] "A" "B" "C" "D" "E" "F"
```

假设我们想按照 spray 的每一个水平下 count 变量的均值对 spray 的水平重新排序。reorder 函数需要三个参数：一个因子，一个值向量——重新排序的基础，一个函数——对于因子每个水平上的值进行计算。假设我们想重新排列 spray 的水平，使它们按照 spray 每个水平下的 count 均值排列：

```
> InsectSprays$spray = with(InsectSprays,
+                        reorder(spray,count,mean))
> levels(InsectSprays$spray)
[1] "C" "E" "D" "A" "B" "F"
```

当使用 reorder 时，它为一个称为 scores 的属性赋值；scores 包含用作重新排序的值：

```
> attr(InsectSprays$spray,'scores')
        A         B         C         D         E         F
14.500000 15.333333  2.083333  4.916667  3.500000 16.666667
```

与往常一样,对系统数据集的更改在本地工作区进行,原数据集不变。

对于一些统计程序,结果的解释可以通过因子的一个特殊排序进行简化;特别地,可以选择一个"参照"水平,一般是选择因子的第一个水平。relevel 函数允许您选择一个参照水平,按照因子的第一个水平对待。例如,要把 InsectSprays $ spray 的水平"C"设置为第一个水平,可如下调用 relevel 函数:

```
> levels(InsectSprays$spray)
[1] "A" "B" "C" "D" "E" "F"
> InsectSprays$spray = relevel(InsectSprays$spray,'C')
> levels(InsectSprays$spray)
[1] "C" "A" "B" "D" "E" "F"
```

P.70

5.2　数值型因子

为了一次特殊的应用,需要将一个数值型变量转换为因子,将因子再转换回到原来的数值型变量往往也是非常有用的,因为对于因子来说,即使是简单的算术运算也无法进行。由于 as.numeric 函数将只返回因子内部的整数值,进行转换必须使用因子的 levels 属性来进行,或先使用 as.character 将因子转换为字符值。

假设我们正在研究一种肥料的几个水平对于农作物生长的影响。对于有些分析,将施肥量转换为一个有序的因素可能更加方便:

```
> fert = c(10,20,20,50,10,20,10,50,20)
> fert = factor(fert,levels=c(10,20,50),ordered=TRUE)
> fert
[1] 10 20 20 50 10 20 10 50 20
Levels: 10 < 20 < 50
```

如果我们希望计算出 fert 变量的原始数据值均值,我们不得不使用 levels 或 as.character 函数对数据进行转换:

```
> mean(fert)
[1] NA
Warning message:
argument is not numeric or logical:
        returning NA in: mean.default(fert)
```

```
> mean(as.numeric(levels(fert)[fert]))
[1] 23.33333
> mean(as.numeric(as.character(fert)))
[1] 23.33333
```

两种方法都会达到预期效果。

5.3　因子的操作

　　因子在创建时,其水平都随因子一起储存,如果提取因子的子集,他们将保留所有的原有水平。当构造模型矩阵时这可能造成问题,在用 table 函数显示数据时,可能有用,也可能不会非常有用。

作为一个例子,考虑 R 的基本模块:

P.71

```
> lets = sample(letters,size=100,replace=TRUE)
> lets = factor(lets)
> table(lets[1:5])

a b c d e f g h i j k l m n o p q r s t u v w x y z
0 0 1 0 0 0 0 1 0 1 0 0 0 0 0 0 0 0 0 0 0 0 1 1 0 0
```

虽然实际上只展现了 5 个水平,table 函数显示了原始因子的所有水平的频率。为了改变这种情况,我们可以使用下标运算符的 drop = TRUE 参数。当与因子一起使用时,这个参数将删除未使用的水平:

```
> table(lets[1:5,drop=TRUE])

c h j w x
1 1 1 1 1
```

类似的结果可以通过创建一个新的因素得到:

```
> table(factor(lets[1:5]))

c h j w x
1 1 1 1 1
```

　　要在因子中排除一些水平,使其不出现,可以使用 factor 函数的 ex-clude = = 参数。默认情况下,缺失值(NA)被排除在因子水平之外;要从一个数值型变量创建一个包含缺失值的因子,可以使用 exclude = NULL。

　　合并因子变量时必须小心,因为 c 函数将因子理解为整数。要合并因

子,应该先将这些水平转换回到原始值(通过 levels 函数),然后合并,并转换为新的因子:

```
> fact1 = factor(sample(letters,size=10,replace=TRUE))
> fact2 = factor(sample(letters,size=10,replace=TRUE))
> fact1
 [1] o b i v q n q w e z
Levels: b e i n o q v w z
> fact2
 [1] b a s b l r g m z o
Levels: a b g l m o r s z
> fact12 = factor(c(levels(fact1)[fact1],
                    levels(fact2)[fact2]))
> fact12
 [1] o b i v q n q w e z b a s b l r g m z o
Levels: a b e g i l m n o q r s v w z
```

5.4　根据连续变量创建因子

cut 函数用于将数值型变量转换成因子。cut 函数的 breaks = 参数用于描述怎样将数值区间转换为因子的值。如果 breaks = 参数提供了一个数字,通过将变量值域划分成等长的区间即可生成因子;如果提供了一个值向量,向量中的值用于确定分界点。请注意,如果提供的是值向量,所生成的因子水平数目将比向量元素数目少一个。

例如,考虑 women 数据集,其中包含了一组妇女的身高和体重。如果我们想创建一个对应于 weight 的因子,需要该因子有三个等距的水平,我们可以使用以下命令:

```
> wfact = cut(women$weight,3)
> table(wfact)
wfact
(115,131] (131,148] (148,164]
        6         5         4
```

请注意,cut 生成的因子的默认标签包含了因子值所代表的变量值的实际区间。pretty 函数可以用来选定整数的分界点,但它不一定会返回实际所需的因子水平数:

```
> wfact = cut(women$weight,pretty(women$weight,3))
> wfact
 [1] (100,120] (100,120] (100,120] (120,140]
 [5] (120,140] (120,140] (120,140] (120,140]
 [9] (120,140] (140,160] (140,160] (140,160]
[13] (140,160] (140,160] (160,180]
4 Levels: (100,120] (120,140] (140,160] (160,180]
> table(wfact)
wfact
(100,120] (120,140] (140,160] (160,180]
        3         6         5         1
```

cut 的 labels = 参数允许你指定因子的水平:

```
> wfact = cut(women$weight,3,labels=c('Low','Medium','High'))
> table(wfact)
wfact
   Low Medium   High
     6      5      4
```

要基于数据的百分位数生成因子(例如,四分位数或十分位数),quan-tile 函数可以用来产生 breaks = 参数,确保因子中每一水平有相同数目的观测:

```
> wfact = cut(women$weight,quantile(women$weight,(0:4)/4))    P.73
> table(wfact)
wfact
(115,124] (124,135] (135,148] (148,164]
        3         4         3         4
```

5.5 基于日期和时间的因子

如第 4.6 节中提到的,从日期/时间对象创建因子有许多方法。如果你想用该日期的组成部分之一创建一个因子,你可以用 strftime 提取并将其直接转换为因子。例如,我们可以使用 seq 函数来创建一个日期向量,代表一年中的每一天:

```
> everyday = seq(from=as.Date('2005-1-1'),
+                to=as.Date('2005-12-31'),by='day')
```

要依据月份创建因子,我们可以使用 format 提取一年中的月份名称(全称或简称):

```
> cmonth = format(everyday,'%b')
> months = factor(cmonth,levels=unique(cmonth),ordered=TRUE)
> table(months)
months
Jan Feb Mar Apr May Jun Jul Aug Sep Oct Nov Dec
 31  28  31  30  31  30  31  31  30  31  30  31
```

因为 unique 按照其出现的顺序返回每个不同的值，levels 参数会按照正确的顺序提供月份的缩写，以生成适当排序的因子。

有关日期格式化的详细资料，请参阅第 4.3 节。

有时 cut 函数可以更加灵活，它通过 breaks = 参数理解诸如 months，days，weeks，years 等时间单位。（对于日期/时间值，可用 hours，minutes，seconds 等单位。）例如，要以周为单位格式化一年中的每一日，可如下使用 cut 函数：

```
> wks = cut(everyday,breaks='week')
> head(wks)
[1] 2004-12-27 2004-12-27 2005-01-03 2005-01-03
[5] 2005-01-03 2005-01-03
53 Levels: 2004-12-27 2005-01-03 ... 2005-12-26
```

请注意，第一个观察的日期早于 everyday 向量中的任何日期，那是因为第一个日期处于一周的中间。默认情况下，cut 从星期一开始；如果要从星期天开始，可以给 cut 函数赋予 start.on.monday = FALSE 参数。

P.74　　　通过 breaks = 参数，也可以指定多种单位。例如，要基于观测所在的季度创建因子，我们可以如下使用 cut 函数：

```
> qtrs = cut(everyday,"3 months",labels=paste('Q',1:4,sep=''))
> head(qtrs)
[1] Q1 Q1 Q1 Q1 Q1 Q1
Levels: Q1 Q2 Q3 Q4
```

5.6　交互作用

有时将多个因子的组合看做单个因子会有好处。在这样的情况下，可以使用 interaction 函数。这个函数用两个或更多的因子创建一个新的、无序的因子，其水平与输入因子的水平组合相对应。例如，考虑数据框 CO2，包含因子 Plant，Type 和 Treatment。假设我们想创建一个新的因子

代表 Plant 和 Type 的交互作用:

```
> data(CO2)
> newfact = interaction(CO2$Plant,CO2$Type)
> nlevels(newfact)
[1] 24
```

因子 Plant 有 12 个水平, Type 有两个, 导致新因子有 24 个水平。不过, 有些水平组合永远不会在数据集中发生。因此, interaction 的默认做法是包括输入因子水平所有可能的组合。要保留那些与观测相对应的实际组合, 可以将 drop = TRUE 参数传递给 interaction 函数:

```
> newfact1 = interaction(CO2$Plant,CO2$Type,drop=TRUE)
> nlevels(newfact1)
[1] 12
```

默认情况下, interaction 通过将其输入因子的水平用句点(·)连接形成新因子的水平。这可以通过 sep = 参数改变。

第 6 章

下　标

6.1　下标的基础知识

　　对于包含多个元素(向量、矩阵、数组、数据框和列表)的对象,可以用 P.75
下标来访问对象的部分或全部的元素。除了通常的数值型下标,R 还允许
使用逻辑值和字符值下标。下标操作速度极快而且效率高,是 R 中数据访
问和操作的最有力的工具。下一小节介绍 R 支持的不同类型的下标,后面
的节将讨论特定数据类型如何使用下标。

6.2　数值型下标

　　像其它计算机语言一样,数值型下标可以用来访问一个向量、数组或
列表中的元素。对象的第一个元素下标为 1,下标 0 自动忽略。除一个数
字外,还可以用一个下标向量(或者,调用一个函数,返回一个下标向量)访
问多个元素。冒号运算符和 seq 函数在这里特别有用,详情见第 2.8.1 节。

　　在 R 中,负的下标提取对象中的所有元素,不包括负下标所指的元素;
因此,在使用数值型下标时,必须全为正数(或 0)或全为负数(或 0)。

6.3 字符型下标

如果下标的对象已被命名,一个字符串或一个字符串向量可以作为下标。字符型下标不允许有负值;如果你需要按照名称排除一些元素,可以使用 grep 函数(第 7.7 节)。像其它形式的下标一样,任何函数调用,如果能返回一个字符串或字符串向量,都可以作为一个下标。

6.4 逻辑型下标

逻辑值可用于选择性地访问一个可添加下标的对象的元素,假定逻辑对象和正在添加下标的对象(或其一部分)大小一样。与逻辑向量中的值 TRUE 对应的元素将被包括在内,而与 FALSE 相应的元素则不会被包括在内。逻辑下标提供了一个非常强大的,并且简单的方法来执行任务,否则可能需要循环,它同时增加你的程序效率。理解逻辑下标的第一步是研究一些逻辑表达式的结果。假设我们有一个数字向量,而且我们对于超过 10 的数字感兴趣。我们可以看到这些数字都有一个简单的逻辑表达式。

```
> nums = c(12,9,8,14,7,16,3,2,9)
> nums > 10
 [1]  TRUE FALSE FALSE  TRUE FALSE  TRUE FALSE FALSE FALSE
```

就像 R 的大多数操作,逻辑运算符被向量化了;将一个逻辑下标应用到一个向量或一个数组将产生与原始对象同样大小、同样形状的对象。在这个例子中,我们对一个长度为 10 的向量应用了逻辑运算,并且返回了一个长度为 10 的向量,其中 TRUE 代替了原向量中大于 10 的数,FALSE 代替了其它的数。假如我们用这种逻辑向量做下标,它将提取逻辑向量中为 TRUE 的元素:

```
> nums[nums>10]
[1] 12 14 16
```

对于一个与此密切相关的问题,即找出这些元素的索引号,R 提供了 which 函数,它接受一个逻辑向量,并返回一个向量,包含那些逻辑向量值为 TRUE 的元素的下标:

```
> which(nums>10)
[1] 1 4 6
```

在这个简单的例子中,上述操作与下面的操作等价:

```
> seq(along=nums)[nums > 10]
[1] 1 4 6
```

逻辑下标允许通过使用适当的下标对象对满足某种条件的元素进行修改,该下标对象在赋值语句的左边。如果我们想将 nums 中大于 10 的数字变为 0,可以使用

P.77

```
> nums[nums > 10] = 0
> nums
[1] 0 9 8 0 7 0 3 2 9
```

6.5 矩阵和数组的下标

多维对象如矩阵引入了一类新型的下标:空下标。对于一个多维对象,可以对每个维度提供下标,以逗号分隔。例如,我们可以标注矩阵 x 的第四行和第三列的元素为 x[4,3]。如果我们省略了第二个下标而提出 x[4,],下标操作将应用到省略了的那个维度,在此例中,即 x 的第四行的所有列。因此,整个行和列的访问很简单;只需空下你不感兴趣的维度的下标。下面的例子说明其如何使用:

```
> x = matrix(1:12,4,3)
> x
     [,1] [,2] [,3]
[1,]    1    5    9
[2,]    2    6   10
[3,]    3    7   11
[4,]    4    8   12
> x[,1]
[1] 1 2 3 4
> x[,c(3,1)]
     [,1] [,2]
[1,]    9    1
[2,]   10    2
[3,]   11    3
[4,]   12    4
> x[2,]
[1]  2  6 10
> x[10]
[1] 10
```

注意最后一个例子，其中的矩阵只用了一个下标。在这种情况下，矩阵被当成一个向量对待，向量的元素由矩阵的所有列组成。这虽然在某些情况下可能有用，但在对矩阵进行下标操作时一般应该使用两个下标。

P. 78　　　请注意，通过操纵下标的顺序，我们可以创建一个子矩阵，其行列的顺序由我们定。这与 order 函数一起提供了一种对矩阵或数据框排序的方法，可以按照其中的列任意排序。order 函数返回一个索引号向量，该向量将对输入参数进行排列，得到重排的顺序。也许理解 order 的最好方法是考虑 x[order(x)] 和 sort(x) 的同一性。假设我们要将矩阵 stack.x 的行进行排序，排序将按变量 Air.Flow 的值升序进行。我们可以如下使用 order 函数：

```
> stack.x.a = stack.x[order(stack.x[,'Air.Flow']),]
> head(stack.x.a)
   Air.Flow Water.Temp Acid.Conc.
15       50         18         89
16       50         18         86
17       50         19         72
18       50         19         79
19       50         20         80
20       56         20         82
```

注意 order 调用语句后的逗号，表明我们希望按照所指定的变量重新排列矩阵的所有列。为了反转排序后的顺序，请在 order 中使用 decreasing = TRUE 参数。虽然 order 函数接受多个参数，允许按多个变量排序，有时将这些参数都列在函数调用语句中比较方便。例如，我们可能需要一个函数，可以接受可变数目的排序变量，并且不管使用了多少参数，都会正确地调用 order。在 R 中可以很容易地用 do.call 函数处理像这样的问题。do.call 的思想是，它需要参数的列表，并准备调用你选择的函数，像使用单个参数那样使用列表的元素。do.call 的第一个参数是一个函数或包含一个函数名称的字符变量，而其它所需参数是一个列表，其中包含了应该被传递给函数的参数。使用 do.call，我们可以写一个函数，按照任意列对一个数据框的行排序：

```
sortframe = function(df,...)df[do.call(order,list(...)),]
```

（当在一个允许多个未命名参数的函数中使用时，表达式 list(...) 创建一个列表，其中包含所有未命名的参数。）例如，要按照 Sepal.Length 和 Sepal.Width 对 iris 数据框的行排序，我们可以如下调用 sortframe 函数：

```
> with(iris,sortframe(iris,Sepal.Length,Sepal.Width))          P.79
    Sepal.Length Sepal.Width Petal.Length Petal.Width      Species
14           4.3         3.0          1.1         0.1       setosa
9            4.4         2.9          1.4         0.2       setosa
39           4.4         3.0          1.3         0.2       setosa
43           4.4         3.2          1.3         0.2       setosa
42           4.5         2.3          1.3         0.3       setosa
4            4.6         3.1          1.5         0.2       setosa
48           4.6         3.2          1.4         0.2       setosa
7            4.6         3.4          1.4         0.3       setosa
23           4.6         3.6          1.0         0.2       setosa
                             . . .
```

另一种常见的操作,是反转矩阵的行或列,可以通过调用行或列下标的 rev 函数实现。例如,要创建 iris 数据框的另一个矩阵,其行顺序和原来的相反,我们可以使用:

```
> riris = iris[rev(1:nrow(iris)),]
> head(riris)
    Sepal.Length Sepal.Width Petal.Length Petal.Width    Species
150          5.9         3.0          5.1         1.8  virginica
149          6.2         3.4          5.4         2.3  virginica
148          6.5         3.0          5.2         2.0  virginica
147          6.3         2.5          5.0         1.9  virginica
146          6.7         3.0          5.2         2.3  virginica
145          6.7         3.3          5.7         2.5  virginica
```

默认情况下,下标操作会尽可能地降低数组的维数。其结果,当被传递了某矩阵的一个独行或独列时,函数有时会失灵,因为即使下标对象是一个数组,下标有可能返回一个向量。为了防止这种情况发生,提取部分的数组性质可以用 drop = FALSE 参数保留,该参数和下标一起传递给数组。下面的例子说明了使用这一参数的影响:

```
> x = matrix(1:12,4,3)
> x[,1]
[1] 1 2 3 4
> x[,1,drop=FALSE]
     [,1]
[1,]    1
[2,]    2
[3,]    3
[4,]    4
```

P.80

注意下标括号里的“额外”逗号——drop = FALSE 被认为是下标操作的参

数。如果一个名称列在传递给函数时丢失了名称,drop = FALSE 也可能有用。

使用下标,很容易有选择性地访问你需要的任何行和列的组合。假设我们要在 X 中找出第一列小于 3 的所有行。由于我们需要这些行的所有元素,我们将在列(第二维)维上使用空下标。再次提请注意,要仔细审查第一维(行)的下标:

```
> x[,1] < 3
[1]   TRUE   TRUE FALSE FALSE
> x[x[,1] < 3,]
     [,1] [,2] [,3]
[1,]    1    5    9
[2,]    2    6   10
```

逻辑向量 x[,1] < 3 长度为 4,是矩阵的行数;因此,它可以用来作为第一维的逻辑下标来指定我们感兴趣的行。通过使用第二维为空的表达式,我们可提取这些行的所有列。

矩阵允许另外一种特殊形式的下标。如果一个两列的矩阵用来作为一个矩阵的下标,可以访问由每一行的行、列组合所指定的元素。这使得从数据表创建矩阵变得容易。考虑下面的矩阵,其前两列代表行和列的数目,而其最后一列代表一个值:

```
> mat = matrix(scan(),ncol=3,byrow=TRUE)
1: 1 1 12 1 2 7 2 1 9 2 2 16 3 1 12 3 2 15
19:
Read 18 items
> mat
     [,1] [,2] [,3]
[1,]    1    1   12
[2,]    1    2    7
[3,]    2    1    9
[4,]    2    2   16
[5,]    3    1   12
[6,]    3    2   15
```

前两列的行号和列号描述了一个 3 行 2 列的矩阵;我们先创建一个缺失值矩阵保存结果矩阵,然后使用矩阵的前两列作为下标,第三列被分配给新的矩阵:

```
> newmat = matrix(NA,3,2)
> newmat[mat[,1:2]] = mat[,3]
```

```
> newmat
     [,1] [,2]
[1,]  12    7
[2,]   9   16
[3,]  12   15
```

P.81

任何未被指定的元素将保留其原始值，在这里即 NA。将数据表转换成 R 表格的另一种方法见第 8.1 节对 xtabs 的讨论。

6.6　矩阵的特殊函数

有两个简单的函数，虽本身无大用处，由于其基于矩阵元素的相对位置，因此增加了下标的威力。row 函数，当被传递一个矩阵时，返回一个有同样维度的矩阵，带有每个元素的行号，而 col 也有同样的作用，但使用列号。例如，考虑一个人工列联表，说明对于一组对象采用两种不同分组方法的结果：

```
> method1 = c(1,1,1,1,2,2,2,2,3,3,3,3,4,4,4,4)
> method2 = c(1,2,2,3,2,2,1,3,3,3,2,4,1,4,4,3)
> tt = table(method1,method2)
> tt
       method2
method1 1 2 3 4
      1 1 2 1 0
      2 1 2 1 0
      3 0 1 2 1
      4 1 0 1 2
```

假设我们要提取所有的非对角线元素。这些元素可以看作是其行号和列号不同。用 row 和 col 函数来表示，相当于：

```
> offd = row(tt) != col(tt)
> offd
        [,1]  [,2]  [,3]  [,4]
[1,] FALSE  TRUE  TRUE  TRUE
[2,]  TRUE FALSE  TRUE  TRUE
[3,]  TRUE  TRUE FALSE  TRUE
[4,]  TRUE  TRUE  TRUE FALSE
```

由于这个矩阵与 tt 大小相同，它可以作为下标来提取非对角线元素：

```
> tt[offd]
 [1] 1 0 1 2 1 0 1 1 1 0 0 1
```

P.82　　因此,作为一个例子,我们可以计算出非对角线元素的总和如下:

```
> sum(tt[offd])
```

R 函数 lower.tri 和 upper.tri 使用这种技术返回一个逻辑矩阵,用来提取矩阵的上三角和下三角元素。这两个都接受 diag = 参数;设置此参数为 TRUE 即设置矩阵的对角线元素以及非对角线元素为 TRUE。

diag 函数可以用来提取或设置矩阵的对角线元素,或形成一个可以指定对角线元素的矩阵。

6.7　列表

列表是 R 存储对象集的最一般的方式,因为列表容纳的对象没有模式的限制。虽然没有明确说明,R 下标的一个规则是下标返回的对象模式总是与被下标对象的模式相同。对于矩阵和向量,这很自然,不会引起混乱。但对于列表,列表的部分与其所代表的对象的相应部分之间有微妙的区别。作为一个简单的例子,考虑一个包含名称和数字的列表:

```
> simple = list(a=c('fred','sam','harry'),b=c(24,17,19,22))
> mode(simple)
[1] "list"
> simple[2]
$b
[1] 24 17 19 22

> mode(simple[2])
[1] "list"
```

虽然看起来好像 simple[2] 代表该向量,但它实际上是包含该向量的一个列表;对向量行得通的操作对列表不见得有效:

```
> mean(simple[2])
[1] NA
Warning message:
argument is not numeric or logical:
        returning NA in: mean.default(simple[2])
```

R 提供两种便捷的方法来解决这个问题。第一种方法,如果该名单的元素被命名过,要访问该元素的实际内容,可以将列表的名称与元素的名称用美元符号($)分开。因此,我们可以通过把 simple[2]改成 simple $ b 来 P.83 绕开前面出现的问题。对于交互式会话,使用美元符号是执行列表元素操作的自然方法。

对于那些美元符号表示法不适当的场合(例如,通过索引号访问列表元素,或通过一个字符变量中存储的名称访问列表元素),R 提供双括号下标运算符。双括号的作用并不仅限于尊重被下标对象的模式,它的作用还在于从列表提取实际的列表元素。因此,为了获得数值型列表元素的均值,我们可以采用下列三种形式的任一种:

```
> mean(simple$b)
[1] 20.5
> mean(simple[[2]])
[1] 20.5
> mean(simple[['b']])
[1] 20.5
```

需要注意的关键问题是,在这种情况下,单括号将总是返回一个包含选定元素的列表,而双括号将返回选定的列表元素的实际内容。这种差异可以通过观察两种方法不同的打印结果发现:

```
> simple[1]
$a
[1] "fred"  "sam"   "harry"

> simple[[1]]
[1] "fred"  "sam"   "harry"
```

"$a"表明所显示的对象是一个列表,仅有一个元素名为 a,而不是一个向量。请注意,双括号不适于给出列表元素的范围;这种情况下必须使用单括号。例如,要访问 simple 列表的两个元素,我们可以使用 simple[c(1, 2)],simple[1:2],或 simple[c('a','b')],但使用 simple[[1:2]]不会得到预期的结果。

6.8　数据框下标

由于数据框是列表和矩阵之间的交叉,因此,矩阵和列表的下标技术无疑都适用于数据框。为数不多的区别之一就是单一下标的使用;当单一

下标用于数据框时,其表现更像一个列表,而不像一个向量,其下标指数据
框的列,是其列表的元素。

　　当对含有缺失值数据的数据框使用逻辑下标时,在进行逻辑比较之前
有必要删除缺失值,否则会发生意外的结果。例如,考虑下面这个较小的
数据框,我们要找到其中所有 b 大于 10 的行:

P.84

```
> dd = data.frame(a=c(5,9,12,15,17,11),b=c(8,NA,12,10,NA,15))
> dd[dd$b > 10,]
      a  b
NA   NA NA
3    12 12
NA.1 NA NA
6    11 15
```

不但得到了预期的结果,而且多出了几行,这些行都是在 b 中有缺失值的
行。这个问题通过使用更为复杂的逻辑表达式很容易弥补,该表达式确保
缺失值产生 FALSE 而非 NA:

```
> dd[!is.na(dd$b) & dd$b > 10,]
   a  b
3 12 12
6 11 15
```

这种情况很普遍,因此 R 提供了 subset 函数,它可以接受数据框、矩阵或
向量,并以逻辑表达式作为其前两个参数,该参数返回一个类似的对象,只
包含那些符合逻辑表达式条件的元素。它确保缺失值被排除在外,而且,
如果其第一个参数是一个数据框或有列名的矩阵,它也能从作为第一个参
数的对象中获得逻辑表达式里的变量名。因此,subset 可以如下用于前一
个例子:

```
> subset(dd,b>10)
   a  b
3 12 12
6 11 15
```

　　请注意,当查看子集参数中的变量时,没有必要使用这些数据框的名
称。另一个为我们提供方便的是 select = 参数,它只从作为第一个参数的
数据框中提取指定的列。select = 参数是一个整数或变量名向量,对应于
要提取的列。不像 R 中的大多数其它函数,select = 参数中的名称可以用
引号,也可以不用引号。要忽略某列,可在其名称或索引号前面加一个负
号(−)。例如,考虑 R 中的 LifeCycleSavings 数据框。假设我们要创建一

个数据框,包含变量 pop15 和 pop75 的部分观测,筛选的条件是 sr 大于
10。下面的表达式将创建所需要的数据框:

```
> some = subset(LifeCycleSavings,sr>10,select=c(pop15,pop75))
```

由于 select = 参数通过用相应的列索引号来取代相应变量名称,列的范围
可用变量名指定:

P.85

```
> life1 = subset(LifeCycleSavings,select=pop15:dpi)
```

上述表达式将从 pop15 开始提取列,在 dpi 结束。由于它们是数据框的前
3 列,也可用如下方式指定:

```
> life1 = subset(LifeCycleSavings,select=1:3)
```

同样,我们可以创建一个像 LifeCycleSavings 的数据框,但不包含列
pop15 和 pop75,表达式如下:

```
> life2 = subset(LifeCycleSavings,select=c(-pop15,-pop75))
```

或

```
> life2 = subset(LifeCycleSavings,select=-c(2,3))
```

请记住,subset 函数总是返回一个新的数据框、矩阵或向量,所以不能
用于修改一个数据框中所选定的部分。在那些情况下,必须使用上述的基
本下标操作。

第 7 章

字 符 操 作

尽管 R 通常被认为是作为一数值型计算语言而设计的,但是它包含的 函数完全可以进行字符数据的操作。与 R 强大的向量化运算相结合,这些 函数可以执行 Perl 和 Python 脚本语言通常可以完成的任务。

7.1 字符数据的基础知识

在 R 中,字符值可以存储为标量、向量或矩阵,也可以是一个数据框的 列或一个列表的元素。当 length 函数被应用到这样的对象时,将报告对象 中字符值的数目,而不是每个字符串中的字符数。要查找一个字符值的字 符数,可以使用 nchar 函数。像大多数 R 函数一样,nchar 也是向量化的。 例如,美国 50 个州的名称可以在向量 state.name 中找到,state.name 是 R 的一个部分。要查找州名的长度,可以使用 nchar:

```
> nchar(state.name)
 [1]  7  6  7  8 10  8 11  8  7  7  6  5  8  7  4
[16]  6  8  9  5  8 13  8  9 11  8  7  8  6 13 10
[31] 10  8 14 12  4  8  6 12 12 14 12  9  5  4  7
[46]  8 10 13  9  7
```

7.2　显示和连接字符串

P.88

　　与 R 的其它对象一样,在 R 的控制台上输入字符值的名称,会显示它们的值,用 print 函数也可得到同样的显示结果。然而,没有 print 函数提供的下标,直接打印或显示这些对象往往更方便。cat 函数可以将字符值合并,并直接打印到屏幕上或一个文件中。cat 函数迫使其参数变为字符值,然后将其连接并显示。这使得此函数成为在函数内部打印消息或警告信息的理想函数:

```
> x = 7
> y = 10
> cat('x should be greater than y, but x=',x,'and y=',y,'\n')
x should be greater than y, but x= 7 and y= 10
```

请注意在参数列表中使用了换行符(\n),以确保该行的完整显示。当遇到一个换行符时 cat 总是换行打印。当给 cat 传递了多个字符串,或当 cat 的参数是一个字符串向量时,fill = 参数可用于在输出字符串中自动插入换行符。如果 fill = 参数设置为 TRUE,该系统的 width 选项值将被用来确定行宽 linesize;如果用了一个数值,输出结果的显示将使用该宽度,尽管 cat 不会在输入的各元素之间插入换行符:

```
> cat('Long strings can','be displayed over',
+      'several lines using','the fill= argument',
+      fill=40)
Long strings can be displayed over
several lines using the fill= argument
```

　　cat 函数也接受一个 file = 参数来指定输出的文件。当使用 file = 参数时,也可以提供 append = TRUE 参数,使 cat 将输出追加到一个已经存在的文件。

　　为了更好控制字符串的连接方式,也可以使用 paste 函数。就其最简单的用法来讲,这个函数接受无限量的标量,并把他们连在一起,默认情况下每一个标量用空格分开。要使用一个字符串而非空格作为分隔符,可以使用 sep = 参数。如果传递给 paste 的任何对象不是字符模式,它会被转换为字符:

```
> paste('one',2,'three',4,'five')
[1] "one 2 three 4 five"
```

如果将一个字符向量传递给 paste,可以用 collapse = 参数来指定一个字符串,放在向量的每个元素之间:

```
> paste(c('one','two','three','four'),collapse=' ')
[1] "one two three four"
```

请注意,在这些情况下必须使用 collapse = 参数,因为 sep = 参数对于向量无效。

当多个参数传递给 paste,运算将向量化,必要时较短的元素将循环。 P.89
这使得它很容易产生具有共同前缀的变量名:

```
> paste('X',1:5,sep='')
[1] "X1" "X2" "X3" "X4" "X5"
> paste(c('X','Y'),1:5,sep='')
[1] "X1" "Y2" "X3" "Y4" "X5"
```

在这样的情况下,sep = 参数控制每一组合并的值之间以什么隔开,而 collapse = 参数可用来指定用来连接这些单个值的字符,以创建一个字符串:

```
> paste(c('X','Y'),1:5,sep='_',collapse='|')
[1] "X_1|Y_2|X_3|Y_4|X_5"
```

同样的操作可以用于 paste 的多个参数:

```
> paste(c('X','Y'),1:5,'^',c('a','b'),sep='_',collapse='|')
[1] "X_1_^_a|Y_2_^_b|X_3_^_a|Y_4_^_b|X_5_^_a"
```

省略 collapse 参数,单个粘贴的字符将单个返回,而不是返回一个连接起来的字符串:

```
> paste(c('X','Y'),1:5,'^',c('a','b'),sep='_')
[1] "X_1_^_a" "Y_2_^_b" "X_3_^_a" "Y_4_^_b" "X_5_^_a"
```

7.3 处理分散的字符值

字符值的单个字符不能通过普通的下标访问。相反,substring 函数可以用于提取字符串的一部分,或改变字符串的一部分值。除了正在操作的字符串,substring 还接受 first = 参数,给出所指子串的第一个字符,而 last = 参数给出最后一个字符。如果没有指定,last = 默认一个大数目,仅指定一个 start = 值将会从那个字符操作到字符串的末尾。像 R 中的大多数函数那样,substring 是向量化的,可以一次操作多个字符串:

```
> substring(state.name,2,6)
 [1] "labam" "laska" "rizon" "rkans" "alifo" "olora" "onnec"
 [8] "elawa" "lorid" "eorgi" "awaii" "daho"  "llino" "ndian"
[15] "owa"   "ansas" "entuc" "ouisi" "aine"  "aryla" "assac"
[22] "ichig" "innes" "issis" "issou" "ontan" "ebras" "evada"
[29] "ew Ha" "ew Je" "ew Me" "ew Yo" "orth " "orth " "hio"
[36] "klaho" "regon" "ennsy" "hode " "outh " "outh " "ennes"
[43] "exas"  "tah"   "ermon" "irgin" "ashin" "est V" "iscon"
[50] "yomin"
```

P.90　　注意,如果字符串的字符数少于 last = 参数指定的数目(比如本例中的 Ohio或 Texas),substring 返回能找到的所有字符,不作填补。(sprintf 函数可以用来将一个字符值序列补齐到普通大小,详见第 2.13 节。)

向量化发生在 first = 和 last = 参数,以及传递给 subscript 的字符向量。虽然在 7.6 节中描述的 strsplit 函数可以自动进行操作,可以通过 substring 从一个单一字符串创建一个字符值向量如下:

```
> mystring = 'dog cat duck'
> substring(mystring,c(1,5,9),c(3,7,12))
[1] "dog"  "cat"  "duck"
```

为了找到字符串中一个特定字符的位置,字符串先要被转换为字符向量,包含每个单个的字符。这可以通过向 first = 和 last = 参数传递一个向量来完成——该向量由所要处理的全部字符组成,然后将 which 应用于其结果:

```
> state = 'Mississippi'
> ll = nchar(state)
> ltrs = substring(state,1:ll,1:ll)
> ltrs
 [1] "M" "i" "s" "s" "i" "s" "s" "i" "p" "p" "i"
> which(ltrs == 's')
[1] 3 4 6 7
```

substring 的赋值形式允许更换字符串的选定部分,但 substring 只能用同样数目的字符值替换字符串的选定部分;如果被替换的字符串短于用来替换的字符串,原始字符串将不能被覆盖:

```
> mystring = 'dog cat duck'
> substring(mystring,5,7) = 'feline'
> mystring
[1] "dog fel duck"
> mystring = 'dog cat duck'
> substring(mystring,5,7) = 'a'
> mystring
[1] "dog aat duck"
```

7.4 R中的正则表达式

正则表达式是一种表达字符值模式的方法,可以被用来提取字符串的一部分或以某种方式修改这些字符串。支持正则表达式的 R 函数为 str-split,grep,sub 和 gsub,以及 regexpr 和 gregexpr 函数,最后这两个是 R 中处理正则表达式的主要工具。P.91

正则表达式的语法取决于一个程序所要执行的任务的具体情况。对于它能理解的正则表达式,R 试图提供很大的灵活性。默认情况下,R 使用一组基本的正则表达式,与 UNIX 设备使用的那些基本相似,如 grep。R 函数的 extended = TRUE 参数支持正则表达式,扩展了正则表达式,包括那些由 POSIX 支持的 1003.2 标准。为了使用像 Perl 和 Python 这样的脚本语言支持的正则表达式,可以用 Perl = TRUE 参数。因此,如果你已经熟悉一种类型的正则表达式,你也许可以找到一个方案,使 R 按照你的意愿工作。

反斜杠字符(\)用在正则表达式中,表示正则表达式中的某些具有特殊含义的字符应该作为普通的字符来对待。在 R 中,这意味着当需要避开特殊字符时,要输入两个反斜杠字符。虽然双反斜杠将在打印字符串时显示,nchar 或 cat 可以验证,在字符串中实际上只有一个反斜杠。例如,在正则表达式中,一个句点(·)通常与任何单个字符匹配。要创建一个正则表达式,与扩展名为".txt"的文件匹配,我们可以使用如下的正则表达式:

```
> expr = '.*\\.txt'
> nchar(expr)
[1] 7
> cat(expr,'\n')
.*\.txt
```

单个反斜杠,如那些作为换行符(\n)一部分的,在正则表达式将得到正确解释。有一种方法可以避免引号或双反斜杠的使用，即使用 readLine 函数在 R 中输入你的正则表达式。例如，我们可以在前面的例子中使用 read-line 如下：

```
> expr = readline()
.*\.txt
> nchar(expr)
[1] 7
```

7.5　正则表达式的基础知识

P.92

　　正则表达式由三个部分组成：原义符，它是由一个单一的字符匹配；字符类，它可以与许多字符中的任何一个相匹配；修正符，对原义符和字符类进行操作。由于许多标点符号是正则表达式的修正符，下列字符前面必须始终加一个反斜杠以保留其原义：

. ^ $ + ? * ( ) [ ] { } | \

　　要形成一个字符类，使用方括号（[ ]）把你要匹配的字符括起来。例如，要创建一个字符类，将由 a，b，或 3 中任一相匹配，用[ab3]。破折号可用在字符类内部来表示值域，如[a-z]或[5-9]。正因为如此，如果要按原义将破折号包含于字符类，它要么作为字符类的第一个字符出现，要么在一个反斜杠后面出现。其它特殊字符（除了方括号），在字符类中使用时不需要反斜杠。

　　将字符和字符类作为基本构件，通过理解属于正则表达式语言的一部分的修正符，我们现在可以构建正则表达式。这些运算符号列于表 7.1。

　　修正符对于其前面的任何实体进行操作，如果需要，使用括号分组。作为一些简单的例子，一个两位的字符串后跟随一个或多个字母可以与正则表达式"[0-9][0-9][a-zA-Z]+"匹配；连续三次出现的字符串"abc"可匹配"(abc){3}"；一个文件名由所有字母组成，并以".jpg"结尾，可以匹配"^[a-zA-Z]+\\.jpg$"。（在前面的例子中，如果你在 R 中输入一个正则表达式，是使用双引号的字符串，就需要双反斜杠；如果你使用 readline 输入表达式，你只需使用一个反斜杠。）

表 7.1 正则表达式的修正符

修正符	含　义
^	定位表达式,目标开始
$	定位表达式,目标结束
.	匹配换行符以外的任何单个字符
|	分隔不同的模式
( )	将相同模式放在一起
*	匹配前面的实体出现 0 次或更多次
?	匹配前面的实体出现 0 次或 1 次
+	匹配前面的实体出现 1 次或更多次
$\{n\}$	匹配前面的实体精确地出现 n 次
$\{n,\}$	匹配前面的实体至少出现 n 次
$\{n,m\}$	匹配出现次数在 n 次和 m 次之间

请记住,在 R 中正则表达式只不过是字符串,所以它们可以像任何其它字符串那样进行操作。例如,竖线(|)用于在正则表达式中表示替代的选择。要创建一个与几个不同字符串匹配的正则表达式,我们可以使用竖线作为分隔符来合并字符串:

P.93

```
> strs = c('chicken','dog','cat')
> expr = paste(strs,collapse='|')
> expr
[1] "chicken|dog|cat"
```

变量 expr 现在可以被用来作为一个正则表达式匹配原向量中的任何单词。

7.6 拆分字符值

strsplit 函数可以使用字符串或正则表达式将字符串划分成更小的段。strsplit 的第一个参数是要拆分的字符串,第二个参数是用来将字符串分解成多个部分的字符值或正则表达式。

像其它能够从输入中返回不同数目的元素的函数一样,strsplit 返回的结果是一个列表,即使它的输入是一个单字符串。例如,假设我们想把一个简单的句子分为单个单词,遇到空格就拆分:

```
> sentence =
+ 'R is a free software environment for statistical computing'
> parts = strsplit(sentence,' ')
> parts
[[1]]
[1] "R"          "is"          "a"          "free"
[5] "software"   "environment" "for"        "statistical"
[9] "computing"
```

要访问结果,必须使用列表的第一个元素:

```
> length(parts)
[1] 1
> length(parts[[1]])
[1] 9
```

当 strsplit 的输入是一个字符串向量,可用 sapply 处理输出,返回每个字符串的结果:

```
> more = c('R is a free software environment for statistical
            computing', 'It compiles and runs on a wide
            variety of UNIX platforms')
> result = strsplit(more,' ')
> sapply(result,length)
[1]  9 11
```

P.94 另外,如果输出的结构并不重要,可以使用 unlist 合并拆分开的部分:

```
> allparts = unlist(result)
> allparts
 [1] "R"          "is"          "a"          "free"
 [5] "software"   "environment" "for"        "statistical"
 [9] "computing"  "It"          "compiles"   "and"
[13] "runs"       "on"          "a"          "wide"
[17] "variety"    "of"          "UNIX"       "platforms"
```

　　由于 strsplit 可以接受正则表达式来决定在哪里拆分字符串,它可以很容易地处理各种不同的情况。举例来说,如果一个字符串有多个空格,而空格又用作拆分符,就可能返回多余的空字符串:

```
> str = 'one  two   three four'
> strsplit(str,' ')
[[1]]
[1] "one" ""    "two" ""    ""    "three" "four"
```

通过使用正则表达式表示一个或多个空格(使用修正符 +),我们可以只提取非空字符串：

```
> strsplit(str,' +')
[[1]]
[1] "one"   "two"    "three" "four"
```

使用一个空字符分割字符串,strsplit 可以从字符串向量返回单个字符的列表：

```
> words = c('one two','three four')
> strsplit(words,'')
[[1]]
[1] "o" "n" "e" " " "t" "w" "o"

[[2]]
 [1] "t" "h" "r" "e" "e" " " "f" "o" "u" "r"
```

7.7 在 R 中使用正则表达式

grep 函数接受一个正则表达式和一个字符串或字符串向量,并返回由正则表达式匹配的字符串元素的索引号。如果 value = TRUE 参数传递给 grep,它将返回与正则表达式匹配的实际字符串而不是其索引号。

如果要匹配的字符串应该采用字面解释（即不是作为一个正则表达式）,应使用 fixed = TRUE 参数。

P.95
grep 的一个重要用途是依据名称从一个数据框中提取一组变量。例如,LifeCycleSavings 数据框包含两个变量,分别是不足 15 岁（pop15）或大于 75 岁（pop75）的人口比例。由于这两个变量都以"pop"开始,我们可以使用 grep 找出它们的索引号或值：

```
> grep('^pop',names(LifeCycleSavings))
[1] 2 3
> grep('^pop',names(LifeCycleSavings),value=TRUE)
[1] "pop15" "pop75"
```

要创建一个只有这些变量的数据框,可以使用 grep 的输出结果作为下标：

```
> head(LifeCycleSavings[,grep('^pop',names(LifeCycleSavings))])
          pop15 pop75
Australia 29.35 2.87
Austria   23.32 4.41
Belgium   23.80 4.43
```

```
Bolivia    41.89   1.67
Brazil     42.19   0.83
Canada     31.72   2.85
```

要查找正则表达式而不考虑输入的大小写,可以使用 ignore.case =
TRUE 参数。为搜索作为一个词出现的"dog",忽略大小写,我们可以使用以
下命令:

```
> inp = c('run dog run','work doggedly','CAT AND DOG')
> grep('\\<dog\\>',inp,ignore.case=TRUE)
[1] 1 3
```

用转义尖角括号将字符串括起来,(\\<and\\>)可限制字符串被空格、标
点符号或者起始行或结束行包围情况下的匹配。

如果传递给 grep 的正则表达式与其任何输入都不匹配,grep 将返回
一个空的数值型向量。因此,any 函数可以用来测试一个字符串向量中是
否有一个正则表达式:

```
> str1 = c('The R Foundation','is a not for profit
+          organization','working in the public interest')
> str2 = c(' It was founded by the members',
+          'of the R Core Team in order',
+          'to provide support for the R project')
> any(grep('profit',str1))
[1] TRUE
> any(grep('profit',str2))
[1] FALSE
```

P.96

虽然 grep 函数可以用来测试一个正则表达式的存在,对于所发现的匹
配有时还需要更详细的说明。在 R 中,regexpr 和 gregexpr 函数可用于准
确指出和提取字符串中与正则表达式相匹配的部分。这些函数的输出是
一个向量,由所发现的正则表达式的起始点组成;如果没有匹配发生,返回
值为 -1。此外,match.length 属性与起始点向量结合,提供字符匹配的准
确信息。regexpr 函数只提供其输入的字符串中第一个匹配的有关信息,
而 gregexpr 函数返回找到的所有匹配的信息。regexpr 和 gregexpr 的输
入参数类似于 grep 的输入参数,但是,ignore.case = TRUE 参数在早于 2.6
的 R 版本中是不可用的。

由于 regexpr 只报告它找到的第一个匹配,它总是返回一个向量,在那
些没有找到匹配的位置上显示 -1。在从 regexpr 输出和 match.length 属
性中计算出结束位置后,可以使用 substr,提取实际匹配的字符串:

```
> tst = c('one x7 two b1','three c5 four b9',
+          'five six seven','a8 eight nine')
> wh = regexpr('[a-z][0-9]',tst)
> wh
[1]  5  7 -1  1
attr(,"match.length")
[1]  2  2 -1  2
> res = substring(tst,wh,wh + attr(wh,'match.length') - 1)
> res
[1] "x7" "c5" ""   "a8"
```

在第三个字符串中,不包含正则表达式,返回一个空字符串,维护与输入相对应的输出结构。如果不想要空字符串,可以很容易地删除它们:

```
> res[res != '']
[1] "x7" "c5" "a8"
```

gregexpr 的输出类似于 regexpr 的输出,但是,像 strsplit 一样,gregexpr 总是以列表的形式返回结果。继续前面的例子,这一次查找所有的匹配,我们可以调用 gregexpr 如下:

```
> wh1 = gregexpr('[a-z][0-9]',tst)
> wh1
[[1]]
[1]  5 12
attr(,"match.length")
[1] 2 2

[[2]]
[1]  7 15
attr(,"match.length")
[1] 2 2

[[3]]
[1] -1
attr(,"match.length")
[1] -1

[[4]]
[1] 1
attr(,"match.length")
[1] 2
```

P.97

为了进一步处理 gregexpr 的结果,我们需要调用 substring 函数输出结果列表的每个元素。可用的方法之一就是利用循环：

```
> res1 = list()
> for(i in 1:length(wh1))
+           res1[[i]] = substring(tst[i],wh1[[i]],
+                         wh1[[i]] +
+                         attr(wh1[[i]],'match.length') -1)
> res1
[[1]]
[1] "x7" "b1"

[[2]]
[1] "c5" "b9"

[[3]]
[1] ""

[[4]]
[1] "a8"
```

　　另一个用于处理输出的方法是使用 mapply。mapply 的第一个参数是一个函数，接受多个参数，其余参数都是长度相同的向量（如 gregexpr 函数输入的及输出的文本），其元素将被逐一传递到函数中。前面的例子中所使用的同样技术可组成一个函数如下：

```
> getexpr = function(str,greg)substring(str,greg,
+                         greg + attr(greg,'match.length') - 1)
```

现在 mapply 可以用两个向量调用：

P.98

```
> res2 = mapply(getexpr,tst,wh1)
> res2
$"one x7 two b1"
[1] "x7" "b1"

$"three c5 four b9"
[1] "c5" "b9"

$"five six seven"
[1] ""

$"a8 eight nine"
[1] "a8"
```

这种方法的一个好处是,它会自动创建一个合适的对象来保存输出;此外,mapply 将输入的字符串用作输出的名称,这未必是可取的。

7.8 替换和标记

关于基于正则表达式的文字替换,R 提供两个函数:sub 和 gsub。这些函数每一个都接受正则表达式——一个包含将取代正则表达式的字符串,以及要操作的一个或多个字符串。sub 函数只改变第一次出现的正则表达式,而 gsub 函数在字符串中对所有的正则表达式执行替换。

这些函数的一个重要用途涉及数值型数据,这些数据从网页或财务报告这样的文本源读入,并可能包含逗号或美元符号。例如,假设我们已经从财务报告中输入了一个值向量如下:

```
> values = c('$11,317.35','$11,234.51','$11,275.89',
+             '$11,278.93','$11,294.94')
```

要将这些值作为数值使用,在使用 as.numeric 之前需要删除逗号和美元符号。可以使用一个字符类来构造一个正则表达式,用以查找逗号或美元符号。将此表达式传递给 gsub,采用空白替换模式,提供可转化为数字的值:

```
> as.numeric(gsub('[$,]','',values))
[1] 11317.35 11234.51 11275.89 11278.93 11294.94
```

当使用这种方法时,as.numeric 的使用对象至少应是一个完整的值向量,因为矩阵的单个元素或数据框的单个值的模式不能改变。

当使用替代函数时,可以使用正则表达式的一个强大的功能,称为标签。当正则表达式的一部分被(非转义)括号包围时,该部分可以在替代模式中使用,由一个反斜杠后跟一个数字来表示。第一个标签模式用 \\1 表示,第二个以 \\2 表示,依此类推。财务报告的一个常见的做法是用括号中的数字代表负数;这些括号使 R 不能正确地理解这些数字。我们可以使用正则表达式标记括号内的数字,并在该数字前加一个负号来替代这个值。请注意原义括号(前面有两个反斜杠)与作为标记使用的括号之间的区别:

P.99

```
> values = c('75.99','(20.30)','55.20')
> as.numeric(gsub('\\(([0-9.]+)\\)','-\\1',values))
[1]   75.99 -20.30  55.20
```

要只从正则表达式提取标签的模式,一种可能性是使用正则表达式的开始和结束定位符(分别是 ^ 和 $),以说明字符串中所有未标记的表达式,并仅指定标记过的表达式，准备替换字符串。例如，假设我们试图提取一个较长字符串中 value = 字符串后的一个值。简单地用正则表达式替换标记过的部分将保留字符串的所有其它部分：

```
> str = 'report: 17 value=12 time=2:00'
> sub('value=([^ ]+)','\\1',str)
[1] "report: 17 12 time=2:00"
```

（正则表达式[^]+ 被解释为一个或多个非空字符的发生。）通过扩展正则表达式，使其包括所有不需要的部分，替代函数将只提取我们想要的东西：

```
> sub('^.*value=([^ ]+).*$','\\1',str)
[1] "12"
```

另一种策略是利用 regexpr 或 gregexpr 找到匹配的位置，并将 sub 或 gsub 应用到提取的部分：

```
> str = 'report: 17 value=12 time=2:00'
> greg = gregexpr('value=[^ ]+',str)[[1]]
> sub('value=([^ ]+)','\\1',
+       substring(str,greg,greg
                    + attr(greg, 'match.length') - 1))
[1] "12"
```

第8章

数据汇总

P.101

R提供了多种函数，以方便数据汇总。对于简单的表格和交叉表，可用table函数。对于更复杂的任务，可用的函数可以分为两类：一类是为数组和/或列表设计的，如apply,sweep,mapply,sapply和lapply，另一类是为数据框设计的（如aggregate和by）。两种工具有相当多的重叠，一种函数的输出结果可以被转换为与另一种函数相当的输出结果，所以选择一个适当的函数往往是个人喜好的问题。

我们将首先看看table函数，然后研究其它可用于汇总各种来源的数据的函数。

8.1 table 函数

table函数的参数既可以是代表所关心的水平的单个向量，也可以是由这些向量组成的数据框或列表。table的结果总是一个多维的数组，其维数与表中的向量数目一样多，各个维度的名称可从交叉表中的变量水平提取。默认情况下，表的输出结果不包括缺失值；要改变这种情况，可使用exclude = NULL参数。当被传递了一个值向量，table返回一个table类对象，它可以作为一个已命名的向量处理。对于关于一个制表变量单个水平

的简单查询,这可能是显示和存储这些值最方便的形式:

```
> pets = c('dog','cat','duck','chicken','duck','cat','dog')
> tt = table(pets)
> tt
pets
    cat   chicken   dog   duck
     2        1      2      2
> tt['duck']
duck
   2
> tt['dog']
dog
   2
```

P. 102

另外,table 的输出可以使用 as.data.frame 转换为一个数据框:

```
> as.data.frame(tt)
      pets Freq
1      cat    2
2  chicken    1
3      dog    2
4     duck    2
```

当多个向量传递给 table,将返回与向量数一样多维数的数组。对于这个例子,使用了 state.region 和 state.x77 数据集,创建了一个表,显示收入高于和低于收入中位数的州的数量,按地区分类:

```
> hiinc = state.x77[,'Income'] > median(state.x77[,'Income'])
> stateinc = table(state.region,hiinc)
> stateinc
                  hiinc
state.region      FALSE TRUE
   Northeast         4    5
   South            12    4
   North Central     5    7
   West              4    9
```

这一结果可以使用 as.data.frame 转换为一个数据框:

```
> as.data.frame(stateinc)
    state.region hiinc Freq
1      Northeast FALSE    4
2          South FALSE   12
```

```
3 North Central FALSE    5
4          West FALSE    4
5     Northeast TRUE     5
6         South TRUE     4
7 North Central TRUE     7
8          West TRUE     9
```

当被传递了一个数据框,table 把每一列按照一个独立变量对待,产生 P.103 一个表,显示每一行在数据框中出现的频数。当 table 的结果传递给 as. data.frame 时,这尤其有用,因为它的形式与输入数据框的形式类似。为了说明这一点,考虑下面的小例子:

```
> x = data.frame(a=c(1,2,2,1,2,2,1),b=c(1,2,2,1,1,2,1),
+               c=c(1,1,2,1,2,2,1))
> x
  a b c
1 1 1 1
2 2 2 1
3 2 2 2
4 1 1 1
5 2 1 2
6 2 2 2
7 1 1 1
> as.data.frame(table(x))
  a b c Freq
1 1 1 1    3
2 2 1 1    0
3 1 2 1    0
4 2 2 1    1
5 1 1 2    0
6 2 1 2    1
7 1 2 2    0
8 2 2 2    2
```

由于该数据框产生于一个表格,所有可能的组合均包括在内,包括那些没有观测的表。

有时有必要显示表的行和/或列合计值,可以帮助我们了解变量各水平的差异。addmargins 函数接受一个表并返回一个类似的表,增加了所要求的行和/或列合计值。要指定哪个维度应该添加行和/或列合计值,margin= 参数接受一个维度向量;此向量中的 1 表示要添加一行各列的合计值,2 表示要添加一列各行的合计值。创建行和/或列合计值的默认操作是使用 sum 函数。如果需要其它一些函数,可以通过 FUN = 参数指定。添加了行和/或列合计值后,表的各维度的名称有所调整以便包括对行和/或列合计值的描述。作为使用 addmargins 的例子,考虑 infert 数据集,其中包含有关试验主体的教育和子女数信息。首先,我们以通常的方式生成一个交叉表:

```
> tt = table(infert$education,infert$parity)
> tt
```
P. 104

```
          1  2  3  4  5  6
0-5yrs    3  0  0  3  0  6
6-11yrs  42 42 21 12  3  0
12+ yrs  54 39 15  3  3  2
```

要添加一行的合计值,我们可以如下调用 addmargins:

```
> tt1 = addmargins(tt,1)
> tt1

          1  2  3  4  5  6
0-5yrs    3  0  0  3  0  6
6-11yrs  42 42 21 12  3  0
12+ yrs  54 39 15  3  3  2
Sum      99 81 36 18  6  8
```

要在行、列都添加合计值,要使用 margin = c(1,2) 为参数:

```
> tt12 = addmargins(tt,c(1,2))
> tt12

           1    2    3    4    5    6  Sum
0-5yrs     3    0    0    3    0    6   12
6-11yrs   42   42   21   12    3    0  120
12+ yrs   54   39   15    3    3    2  116
Sum       99   81   36   18    6    8  248
> dimnames(tt12)
[[1]]
[1] "0-5yrs"  "6-11yrs" "12+ yrs" "Sum"

[[2]]
[1] "1"    "2"    "3"    "4"    "5"    "6"    "Sum"
```

请注意,该表的 dimnames 已被更新。

当需要一个比例表（频率表），而不是频数表，一种可用的策略是使用 sweep 函数（第 8.4 节）对每一行、每一列除以其相应的合计值。prop.table 函数提供了关于此操作的更方便的包装。prop.table 接受一个表，以及一个 margin = 参数，并返回比例表。如果 margin = 参数没有指定，所有单元格的和为 1；如果指定 margin = 1，结果表的每一行的和为 1；如果 margin = 2，每一列的和为 1。继续前面的例子，我们可以把我们原来的表改为比例表，每一列的和为 1，具体如下：

```
> prop.table(tt,2)
```
P.105

```
               1        2        3        4        5        6
0-5yrs    0.03030  0.00000  0.00000  0.16667  0.00000  0.75000
6-11yrs   0.42424  0.51852  0.58333  0.66667  0.50000  0.00000
12+ yrs   0.54545  0.48148  0.41667  0.16667  0.50000  0.25000
```

对于有两个以上维度的表，使用的 ftable 函数将表进行"扁平化"是一种很好的表达方式。为了说明这一点，考虑 UCBAdmissions 数据集，这个表上登记的是各系分性别的入学人数。作为一个三维表，通常它会被显示为一个二维表系列。使用 ftable，相同的信息可以用更紧凑的形式显示：

```
> ftable(UCBAdmissions)
                Dept   A    B    C    D    E    F
Admit     Gender
Admitted  Male        512  353  120  138   53   22
          Female       89   17  202  131   94   24
Rejected  Male        313  207  205  279  138  351
          Female       19    8  391  244  299  317
```

xtabs 函数可以产生类似于 table 函数的结果表，但它使用公式语言界面。例如，按区域划分的各州收入表可以使用这样的语句重新生成：

```
> xtabs(~state.region + hiinc)
                   hiinc
state.region    FALSE  TRUE
   Northeast        4     5
   South           12     4
   North Central    5     7
   West             4     9
```

如果一个变量出现在波形符（~）左边，便被解释为相应于右边的变量值的计数向量，使它很容易将列表数据转换成 R 数据表：

```
> x = data.frame(a=c(1,2,2,1,2,2,1),b=c(1,2,2,1,1,2,1),
+                c=c(1,1,2,1,2,2,1))
> dfx = as.data.frame(table(x))
> xtabs(Freq ~ a + b + c,data=dfx)
, , c = 1

   b
a   1 2
  1 3 0
  2 0 1

, , c = 2

   b
a   1 2
  1 0 0
  2 1 2
```

P. 106

8.2　汇总路线图

当面临汇总问题时,主要考虑三个问题:

1. 数据是怎样分组的?

2. 要操作的数据有什么性质?

3. 所需的最终结果是什么?

有关这些问题的思考,将指引你为你的需求得到最有效的解决方案。以下各段应该可以帮你作出最佳选择。

将组定义为列表中的元素。如果你感兴趣的组已经形成列表元素,那么 sapply 或 lapply(第 8.3 节)函数较适合;它们的区别是 lapply 总是返回一个列表,而 sapply 可能将其输出简化为一个向量或数组。这是个非常灵活的做法,因为可得到每个组的整个数据框。有时候,如果其它方法都不合适,你可以先使用 split 函数来创建一个适当的列表和 sapply 或 lapply 一起使用(第 8.5 节)。

将组定义为矩阵的行或列。当操作目标是矩阵的每一列或行时,apply 函数(第 8.4 节)是合乎逻辑的选择。apply 通常会返回一个向量或数组作为它的结果,但如果对行或列操作的结果维度不同,将返回一个列表。

基于一个或多个分组变量的分组。有各种各样的选择可用于基于分组变量值的数据子集这一非常普通的运算任务。如果你希望的每个计算只涉及一个向量,只产生一个标量值作为结果(如对于一个或一组变量计算一个标量值类型的统计量),aggregate 函数(第 8.5 节)是最佳的选择。由于汇总总是返回一个数据框,如果期望的结果是对汇总的数据绘制统计图或拟合统计模型,它尤其有用。

如果计算涉及到一个单一的向量,而结果也是一个向量(例如,一组分位数或不同的统计量向量),tapply(第 8.5 节)是一个可选项。不同于 aggregate,tapply 返回一个向量或数组,这使得其单个元素很容易被访问,但对于复杂的问题可能会产生难以解释的显示。另一种方法由 reshape 程序包提供,可通过 CRAN 下载,在第 8.6 节予以说明。它使用公式界面,可以产生各种形式的输出。

P.107

当预期的结果需要一次访问多个变量(例如,计算一个相关矩阵,或创建一个散点图),可以将行索引号传递给 tapply 提取与各组相应的适当的行。另外,也可以使用 by 函数。不像 tapply,by 返回的特别列表具有一种打印方法,总是产生易于阅读的汇总结果,但访问返回列表的各个元素可能并不方便。当然,对于像绘图这样的任务,没有明确的理由要选择另外一种做法。

如前所述,如果你发现其它方法提供不了你需要的灵活性,使用 split 和 sapply/lapply 是一个很好的解决方案。最后,如果没有其它更合适的办法,你可以写一个循环对通过 unique 或 intersection 返回的值进行迭代计算,并执行任何你希望进行的运算。如果你走这条路线,一定要考虑循环中有关内存管理的问题(可在第 8.7 节中找到)。

8.3 将函数映射到向量或列表

虽然 R 大部分函数会自动对向量的每一个元素进行运算,但对于列表却不是这样。由于许多 R 函数返回列表,按照 R 处理向量的方式处理列表中的每个元素往往非常有用。R 提供两个函数解决这样的问题:lapply 和 sapply。这些函数把一个列表或向量作为其第一个参数,把要应用到每个元素的函数作为它的第二个参数。两个函数之间的区别是 lapply 总是以列表形式返回其结果,而 sapply 尽可能将其输出简化为一个向量或矩阵。例如,假设我们有一个字符串向量,我们想知道每个向量中有多少单词。像 R 中大多数函数一样,strsplit 函数对向量的每一个元素运算,对每一

个元素返回一个新向量,包含该元素的各段:

```
> text = c('R is a free environment for statistical analysis',
+                'It compiles and runs on a variety of platforms',
+                'Visit the R home page for more information')
> result = strsplit(text,' ')
> result
[[1]]
[1] "R"           "is"           "a"
[4] "free"        "environment" "for"
[7] "statistical" "analysis"

[[2]]
[1] "It"        "compiles"  "and"
[4] "runs"      "on"        "a"
[7] "variety"   "of"        "platforms"

[[3]]
[1] "Visit"     "the"        "R"
[4] "home"      "page"       "for"
[7] "more"      "information"
```

P. 108

由于每个向量可能含有不同数量的单词,strsplit 将其结果放入一个列表。length 函数不会自动对列表的每个元素运算,但会正确地报告返回的列表中元素的数目:

```
> length(result)
[1] 3
```

要查找单个元素的长度,我们既可以使用 sapply,也可以使用 lapply;因为每个元素的长度将是一个标量,所以 sapply 最合适:

```
> nwords = sapply(result,length)
> nwords
[1] 8 9 8
```

使用 sapply 的另一个重要问题涉及到数据框。当被视为一个列表时,数据框的每一列保留其模式和类。假设我们正在处理内置的 ChickWeight 数据框,我们想更多的了解每一列的性质。只需对数据框使用 class 函数即可给出数据框而非个别列的有关信息:

```
> class(ChickWeight)
[1] "nfnGroupedData" "nfGroupedData"
[3] "groupedData"    "data.frame"
```

为了对每个变量提取相同的信息,可使用 sapply:

```
> sapply(ChickWeight,class)
$weight
[1] "numeric"

$Time
[1] "numeric"

$Chick
[1] "ordered" "factor"

$Diet
[1] "factor"
```

P.109

注意,在此例中,因为 Chick 的类长度为 2,sapply 以列表形式返回其结果。如果 sapply 试图将其结果简化为向量或数组时,数据结构将丢失,总是这样。

同样的想法,可用于提取能满足特定条件的数据框的列。例如,要创建一个只包含数值型变量的数据框,我们可以使用:

```
df[,sapply(df,class) == 'numeric']
```

sapply 或 lapply 可以用来替代循环,执行重复性任务。当你使用这些函数时,它们会操心细节问题,决定适当的输出形式,并消除逐步建立一个向量或矩阵来存储结果的需要。为了说明这一点,假设我们希望生成随机数矩阵,并确定矩阵中相关系数最高的变量。首先创建一个函数,生成一个单一的矩阵,然后计算出最大相关系数:

```
maxcor = function(i,n=10,m=5){
    mat = matrix(rnorm(n*m),n,m)
    corr = cor(mat)
    diag(corr) = NA
    max(corr,na.rm=TRUE)
}
```

由于 sapply 总是传递一个参数给所使用的函数,函数中增加了一个虚拟参数(i)。由于相关矩阵的对角线元素都是 1,相关矩阵的对角线元素都被隐藏起来,代替它们的是 NA。假设我们要生成 1000 个 100×5 的矩阵,并计算最大相关系数的均值:

```
> maxcors = sapply(1:1000,maxcor,n=100)
> mean(maxcors)
[1] 0.1548143
```

请注意,计算过程应用了该函数的其它参数(如在这里的 n = 100),它被放在函数的参数列表中,紧挨着函数名或定义。

为了简单模拟这种类型的计算,可以使用 replicate 函数。这个函数的第一个参数是需要重复的次数,第二个参数是表达式(不是函数!),用来计算所需的模拟数据的统计量。例如,我们使用以下程序计算两组服从正态分布的观测的 t 统计量:

```
> t.test(rnorm(10),rnorm(10))$statistic
          t
0.2946709
```

P.110 使用 replicate,我们想计算多少统计量都可以:

```
> tsim = replicate(10000,t.test(rnorm(10),rnorm(10))$statistic)
> quantile(tsim,c(0.5,0.75,0.9,0.95,0.99))
        50%        75%        90%        95%        99%
0.00882914 0.69811345 1.36578668 1.74995603 2.62827515
```

8.4　将函数映射到矩阵或数组

当您的数据具有了数组的特性 ,R 提供了一个方便的方法,通过 apply 函数对数据的每个维度进行运算。这个函数需要三个参数:实行该运算的数组,为 apply 指明运算维度的索引号和要使用的函数。像 sapply 一样,函数的其它参数,可放置在参数列表的末尾。对于矩阵来说,第二个参数 1 表示"行运算",而 2 表示"列运算"。

apply 的一个常见用途是与 scale 一类的函数结合使用,要求对矩阵的每一列计算概括统计量。如果没有其它参数,scale 函数将减去每一列的均值,除以标准差,生成一个 z 值矩阵。若要使用其它统计量,可用 apply 计算适当的值向量,并用 center = 和 scale = 参数提供给 scale 函数。例如,通过为中心化计算提供中位数向量,为标准化计算提供算术平均差向量,可以进行另一种标准化计算,获得 z 值。使用内置的 state.x77 数据集,我们可以进行如下转换:

```
> sstate = scale(state.x77,center=apply(state.x77,2,median),
+                            scale=apply(state.x77,2,mad))
```

与此类似,适当的时候 apply 将尝试返回一个结果向量或矩阵,这使得在矩阵的每一行或列都要计算几个数量时它显得非常有用。假设我们希望生成一个矩阵,包含矩阵中非缺失观测的数目、每一列的均值和标准差。首先写一个函数,它将返回我们所需要的单个列:

```
summfn = function(x)c(n=sum(!is.na(x)),mean=mean(x),sd=sd(x))
```

现在,我们可以将该函数应用到所有列皆为数值型的数据框,或像 state.x77 那样的数值型矩阵:

```
> x = apply(state.x77,2,sumfun)
> t(x)
                 n       mean            sd
Population      50  4246.4200  4.464491e+03
Income          50  4435.8000  6.144699e+02
Illiteracy      50     1.1700  6.095331e-01
Life Exp        50    70.8786  1.342394e+00
Murder          50     7.3780  3.691540e+00
HS Grad         50    53.1080  8.076998e+00
Frost           50   104.4600  5.198085e+01
Area            50 70735.8800  8.532730e+04
```

P.111

这个例子说明了使用 apply 代替循环的另一个优势,即 apply 使用在输入矩阵或数据框中出现的名称,给它返回的结果贴上适当的标签。

apply 的进一步使用也值得一提。如果在处理非重叠组时需要处理向量,有时最简单的办法是暂时把它当作一个矩阵,并使用 apply 来进行各组的运算。例如,假设我们希望计算向量中每 3 个相邻值的总和。首先建立一个 3 列矩阵,我们可以使用 apply 方便地处理各个组:

```
> x = 1:12
> apply(matrix(x,ncol=3,byrow=TRUE),1,sum)
[1]  6 15 24 33
```

apply 函数很普通,对于某些应用,可能存在更有效的方法可用来执行必要的计算。例如,如果要计算的统计数据是总和或均值,矩阵计算比采用适当的函数调用 apply 效率更高 。在这些情况下,rowSums,colSums,rowMeans 及其它函数都可以使用。这些函数都能接受一个矩阵(或被当做矩阵的数据框)和可选的 na.rm = 参数来指定缺失值的处理方法。由于这些函数都接受逻辑值、数值作为输入,它们对于计数运算都非常有用。

例如,考虑数据集 USJudgeRatings,数据中 43 名法官分为 12 个类别。要得到每个类别的评分均值,可如下使用 colMeans 函数:

```
> mns = colMeans(USJudgeRatings)
> mns
     CONT     INTG     DMNR     DILG     CFMG
 7.437209 8.020930 7.516279 7.693023 7.479070
     DECI     PREP     FAMI     ORAL     WRIT
 7.565116 7.467442 7.488372 7.293023 7.383721
     PHYS     RTEN
 7.934884 7.602326
```

P.112　　　要计算每个类型的法官得到 8 分或以上的人数,在提供了适当的逻辑矩阵的情况下,可以使用 rowSums 函数如下:

```
> jscore = rowSums(USJudgeRatings >= 8)
> head(jscore)
 AARONSON,L.H. ALEXANDER,J.M. ARMENTANO,A.J.
             1              8              1
    BERDON,R.I.    BRACKEN,J.J.      BURNS,E.B.
            11              0             10
```

在按行或列处理一个矩阵时,有一种常见的情况,即基于一个已经存在的辅助向量的值,每一行或列需要不同的处理。在这种情况下,可以使用 sweep 函数。像 apply 一样,前两个参数是要处理的矩阵以及要重复处理的维度的索引号 。此外,sweep 还需要第三个参数,代表处理每一列时要使用的向量,最后是第四个参数,提供所使用的函数。sweep 的运算通过建立单次调用即可参加运算的矩阵来完成,所以不像 apply,只有能够对数组进行运算的函数可以被传递给 sweep。所有的内置二进制运算符,例如加号("＋")、减号("－")、乘号("＊")和除号("/")都可以使用。但在一般情况下,必须确保任意一个函数在 sweep 中正常运行。例如,假设我们有一个向量,代表矩阵每一列的最大值,而我们希望用矩阵的每一列除以该列的最大值。使用 state.x77 数据框,我们可以使用 sweep 如下:

```
> maxes = apply(state.x77,2,max)
> swept = sweep(state.x77,2,maxes,"/")
> head(swept)
            Population    Income Illiteracy Life Exp    Murder
Alabama     0.17053496 0.5738717  0.7500000 0.9381793 1.0000000
Alaska      0.01721861 1.0000000  0.5357143 0.9417120 0.7483444
```

Arizona	0.10434947	0.7173397	0.6428571	0.9585598 0.5165563
Arkansas	0.09953769	0.5349169	0.6785714	0.9600543 0.6688742
California	1.00000000	0.8098179	0.3928571	0.9743207 0.6821192
Colorado	0.11986980	0.7733967	0.2500000	0.9790761 0.4503311

	HS Grad	Frost	Area
Alabama	0.6136701	0.10638298	0.08952178
Alaska	0.9910847	0.80851064	1.00000000
Arizona	0.8632987	0.07978723	0.20023057
Arkansas	0.5928678	0.34574468	0.09170562
California	0.9301634	0.10638298	0.27604549
Colorado	0.9494799	0.88297872	0.18319233

现在假设我们要计算每个变量的均值,只用那些大于该变量中位数的 P.113
值。我们可以使用 apply 计算中位数,然后写一个简单的函数来计算我们
感兴趣的那些变量均值。

```
> meds = apply(state.x77,2,median)
> meanmed = function(var,med)mean(var[var>med])
> meanmed(state.x77[,1],meds[1])
[1] 7136.16
> meanmed(state.x77[,2],meds[2])
[1] 4917.92
```

虽然该函数对于每一列都能正常运行,当与 sweep 一起使用时,仅返回一个
值:

```
> sweep(state.x77,2,meds,meanmed)
[1] 15569.75
```

该问题的根源是用来提取变量值子集的不等式,因为它不会对 sweep 产生
的数组进行正常的运算以得到最终计算结果。在这种情况下,可以使用
mapply 函数。通过将输入矩阵转换成一个数据框,输入数据中的每个变量
可以与中位数向量并行处理,产生所需的结果:

```
> mapply(meanmed,as.data.frame(state.x77),meds)
[1]    7136.160    4917.920       1.660      71.950      10.544
[6]      59.524     146.840  112213.400
```

默认情况下,mapply 总是将计算结果进行简化,如前面例子那样,它将
结果综合在一个向量中。若要改变这种情况,使其返回一个列表,在列表
中包含应用所提供的函数计算得到的结果,可使用 SIMPLIFY = FALSE 参数。

8.5 基于组的函数映射

为了计算数据框或矩阵中一个或多个列数据概括的标量,可以用 aggregate 函数。尽管此函数功能仅限于返回标量值,它可以对其输入参数的多列进行运算,使多变量数据概括成为一种必然选择。aggregate 函数的第一个参数是一个数据框或矩阵,包含要概括的变量;第二个参数是一个列表,包含用来分组的变量;第三个参数是用来概括数据的函数。例如,iris 数据集包含四个变量的值,数据来自三个不同种的鸢尾花各种样本的测量结果。要计算按种划分的所有四个变量的均值,可如下调用 aggregate 函数:

P.114
```
> aggregate(iris[-5],iris[5],mean)
     Species Sepal.Length Sepal.Width Petal.Length Petal.Width
1     setosa        5.006       3.428        1.462       0.246
2 versicolor        5.936       2.770        4.260       1.326
3  virginica        6.588       2.974        5.552       2.026
```

由于第二个参数必须是一个列表,当一个数据框正在处理中,使用单括号对用作分组的列进行下标往往是比较方便的,因为这样访问的列必然是列表的形式。此外,如果分组变量超过一个,这样指定的列将确保分组变量的名字被自动转移到输出的数据框。如果列是手工构造的列表,aggregate 将使用类似 Group.1 的名称确定分组变量,除非提供了全部列表元素的名称。

作为一个例子,假设我们要计算 ChickWeight 数据框中观测的平均重量,按照 Time 和 Diet 分组。指定分组变量为 ChickWeight[c('Time', Diet')]会使分组列获得适当的标签:

```
> cweights = > aggregate(ChickWeight$weight,
+                  ChickWeight[c('Time','Diet')],mean)
> head(cweights)
  Time Diet        x
1    0    1 41.40000
2    2    1 47.25000
3    4    1 56.47368
4    6    1 66.78947
5    8    1 79.68421
6   10    1 93.05263
```

另外，一个人工构造的列表如：

    list(Time=ChickWeight$Time,Diet=ChickWeight$Diet)

也可得到同样的结果。

为了处理基于一个或多个分组向量的单个向量，也可以使用 tapply 函数。tapply 的返回是一个数组，其维数与分组向量的维数相同。例如，PlantGrowth 数据集包含了接受三种不同处理的植物重量信息。要计算每一种处理下植物的最大重量，我们可以使用 tapply 如下：

```
> maxweight = tapply(PlantGrowth$weight,PlantGrowth$group,max)
> maxweight
ctrl trt1 trt2
6.11 6.03 6.31
```

由于只有一个分组因素，返回的结果采用带有名称的向量形式。要把此向量转换成数据框，可使用 as.table 暂时转换成表，然后传递给 as.data.frame，因为 as.data.frame 有一个特殊的方法把表转换成数据框：

P.115

```
> as.data.frame(as.table(maxweight))
  Var1 Freq
1 ctrl 6.11
2 trt1 6.03
3 trt2 6.31
```

若要在数据框使用名称而不用 Freq，可以直接调用 as.data.frame.table，使用 responseName = 参数：

```
> as.data.frame.table(as.table(maxweight),
                       responseName='MaxWeight')
  Var1 MaxWeight
1 ctrl      6.11
2 trt1      6.03
3 trt2      6.31
```

不同于 aggregate，tapply 不限定返回标量。例如，如果我们想计算 PlantGrowth 数据集每个组的重量的全距，我们可以使用：

```
> ranges = tapply(PlantGrowth$weight,PlantGrowth$group,range)
> ranges
$ctrl
[1] 4.17 6.11
```

```
$trt1
[1] 3.59 6.03

$trt2
[1] 4.92 6.31
```

在这种情况下,tapply 返回带名称的向量数组。其中的个别元素可以通过通常的方式访问:

```
> ranges[[1]]
[1] 4.17 6.11
> ranges[['trt1']]
[1] 3.59 6.03
```

要将这样的值转换为数据框,返回的对象的 dimnames 可以与这些值合并。当每个向量元素的长度相同时,此运算就比较简单,但返回的值长度不同时,问题就变得困难。在目前的例子中,我们可以将这些值转换为数值型矩阵,然后将这个矩阵与 dimnames 结合形成数据框:

P. 116

```
> data.frame(group=dimnames(ranges)[[1]],
+             matrix(unlist(ranges),ncol=2,byrow=TRUE))
  group   X1   X2
1  ctrl 4.17 6.11
2  trt1 3.59 6.03
3  trt2 4.92 6.31
```

这里不使用 cbind,而使用 data.frame,以防止当他们与分组变量的水平合并时数值被强制转为字符值。

当 tapply 用了多于一个分组变量,而所用函数的返回值又不是一个标量时,返回的对象就更加难以解释。例如,CO2 数据集包含不同处理下不同植物对二氧化碳的吸收信息。假设我们对各种植物和各种处理下的二氧化碳吸收范围感兴趣。我们可以如下调用 tapply:

```
> ranges1 = tapply(CO2$uptake,CO2[c('Type','Treatment')],range)
> ranges1
                Treatment
Type            nonchilled chilled
  Quebec        Numeric,2  Numeric,2
  Mississippi   Numeric,2  Numeric,2
```

返回的值是一个列表矩阵,当我们显示对象时,该矩阵解释了不寻常的输出形式。仍然可以如愿访问单个元素:

```
> ranges[['Quebec','chilled']]
[1]  9.3 42.4
```

在将 dimnames 与数值合并之前,对 dimnames 采用 expand.grid(见第 2.8.1 节),这些对象可以被转换成数据框:

```
> data.frame(expand.grid(dimnames(ranges1)),
+              matrix(unlist(ranges1),byrow=TRUE,ncol=2))
        Type   Treatment   X1    X2
1       Quebec nonchilled 13.6  45.5
2 Mississippi nonchilled 10.6  35.5
3       Quebec    chilled  9.3  42.4
4 Mississippi    chilled  7.7  22.2
```

该函数参数对于 tapply 不是必需的;不用函数调用 tapply 将返回一个索引号向量,它可以用作提供函数的情况下 tapply 产生的数值型数组的下标。例如,假设我们想在 CO2 数据框中减去 uptake 变量的中位数,这里对每个种类与处理(Type/Treatment)的组合都单独计算了中位数。第一步是使用 tapply 计算每个组的中位数:

```
> meds = tapply(CO2$uptake,CO2[c('Type','Treatment')],median)
```
P.117

其次,不用函数调用 tapply,计算索引号 ,并用作中位数向量的下标:

```
> inds = tapply(CO2$uptake,CO2[c('Type','Treatment')])
> inds
 [1] 1 1 1 1 1 1 1 1 1 1 1 1 1 1 1 1 1 1 1 1 1 1 1 3 3 3 3 3 3 3
[31] 3 3 3 3 3 3 3 3 3 3 3 3 2 2 2 2 2 2 2 2 2 2 2 2 2 2 2 2 2 2
[61] 2 2 2 4 4 4 4 4 4 4 4 4 4 4 4 4 4 4 4 4 4 4 4
> adj.uptake = CO2$uptake - meds[inds]
```

ave 函数可通过一次函数调用完成这两种运算:

```
> adj.uptake = CO2$uptake -
+        ave(CO2$uptake,CO2[c('Type','Treatment')],FUN=median)
```

由于 ave 可以接受多个分组变量,用来概括的函数必须使用 FUN = 来确认。因此,前面的例子还可以如下进行:

```
> adj.uptake = CO2$uptake -
+        ave(CO2$uptake,CO2$Type,CO2$Treatment,FUN=median)
```

当需要处理不止一个向量时,有多种选择可用。从实际应用的角度出发,考虑按照植物的种分组的 iris 数据集,具体的任务是计算有四个变量的相关矩阵的最大特征值。一个解决方法是使用 split 函数,它需要一个数据框和分组变量,返回一个列表,其中包含数据框,代表分组变量每个水平的观测。这样的列表可使用 sapply 和 lapply 处理,得到最终结果。当处理这样的问题时,第一步通常是定义一个函数,对一个单一的数据框提供所需的结果。在这种情况下,函数可以写成如下适当的形式:

```
> maxeig = function(df)eigen(cor(df))$val[1]
```

其次,数据框中的数值可以传递给 split,提供一个数据框列表,供进一步处理:

```
> frames = split(iris[-5],iris[5])
```

最后,将这个结果与运算的函数一起传递给 sapply:

```
> sapply(frames,maxeig)
    setosa versicolor  virginica
  2.058540   2.926341   2.454737
```

一如往常,这些运算可以被浓缩到一个单个表达式中,尽管这样做并没有什么优势。

P. 118

```
> sapply(split(iris[-5],iris[5]),
+         function(df)eigen(cor(df))$val[1])
    setosa versicolor  virginica
  2.058540   2.926341   2.454737
```

一个虽不直接、但有时有用的解决方案包括将一个行索引号向量传递给 tapply,并修改用于计算最大特征值的函数,使其能够对选定的数据行进行运算:

```
> tapply(1:nrow(iris),iris['Species'],
+         function(ind,data)eigen(cor(data[ind,-5]))$val[1],
        data=iris)
Species
    setosa versicolor  virginica
  2.058540   2.926341   2.454737
```

最后,使用 by 函数。这推广了 tapply 的运算思想,使能对按照分组变量列表分组的整个数据框进行运算。因此,by 的第一个参数是一个数据框,其余的参数类似于 tapply 的参数。对于上述的特征值问题,应用 by 的解决办法如下:

```
> max.e = by(iris,iris$Species,
+                    function(df)eigen(cor(df[-5]))$val[1])
> max.e
iris$Species: setosa
[1] 2.058540
------------------------------------------------------
iris$Species: versicolor
[1] 2.926341
------------------------------------------------------
iris$Species: virginica
[1] 2.454737
```

在这种情况下,by 返回一个标量,所以,其结果可以通过使用 as.table 和 as.data.frame 的组合转换成一个数据框:

```
> as.data.frame(as.table(max.e))
  iris.Species    Freq
1       setosa 2.058540
2   versicolor 2.926341
3    virginica 2.454737
```

当要处理多个分组变量时,by 的结果需要额外的处理,使其成为数据框。重新考虑 CO2 数据集。假设我们希望计算 uptake 的观测数、均值和标准差,按照 Type 和 Treatment 的组合进行分组。首先,编写一个简单的函数来返回所需的值。通过将这些值与 data.frame 合并而不是与 c 合并,我们确保该数值结果的模式在与分组变量的水平信息合并后将被保存下来:

P.119

```
> sumfun = function(x)data.frame(n=length(x$uptake),
+                    mean=mean(x$uptake),sd=sd(x$uptake))
> bb = by(CO2,CO2[c('Type','Treatment')],sumfun)
> bb
Type: Quebec
Treatment: nonchilled
   n    mean      sd
1 21 35.33333 9.59637
------------------------------------------------------
Type: Mississippi
Treatment: nonchilled
   n    mean      sd
1 21 25.95238 7.402136
------------------------------------------------------
```

```
Type: Quebec
Treatment: chilled
   n    mean      sd
1 21 31.75238 9.644823
-----------------------------------------------------------
Type: Mississippi
Treatment: chilled
   n    mean      sd
1 21 15.81429 4.058976
```

　　由 by 函数返回的每一行的形式是我们所希望的包含这些结果的数据框,所以使用 rbind 将整个结果转换成一个数据框是很自然的。但是,将每一行分别传递给 rbind 函数非常繁琐。如在这种情况下,do.call 函数(在第 6.5 节第一次介绍)通常可以概括它的运算,以便不管有多少因素需要处理都会顺利进行。回想一下,do.call 需要一个参数列表并将它们传递给一个函数,好像他们是函数调用的参数列表。在这个例子中,对 do.call 的调用如下:

```
> do.call(rbind,bb)
    n    mean      sd
1  21 35.33333 9.596371
11 21 25.95238 7.402136
12 21 31.75238 9.644823
13 21 15.81429 4.058976
```

P.120　如果有两个分组变量,其名称和水平都不表现在结果中。这可以通过调用 expand.grid 并与以前的结果进行合并来弥补。由于所有要合并的部分都是数据框,它们可以使用 cbind 安全地合并:

```
> cbind(expand.grid(dimnames(bb)),do.call(rbind,bb))
          Type  Treatment  n    mean      sd
1       Quebec nonchilled 21 35.33333 9.596371
2  Mississippi nonchilled 21 25.95238 7.402136
3       Quebec    chilled 21 31.75238 9.644823
4  Mississippi    chilled 21 15.81429 4.058976
```

8.6　reshape 包

　　汇总的另一种方法由 reshape 包提供,可从 CRAN 下载。以扩展的公式记号为基础,此包中的函数提供了解决汇总问题的统一办法。reshape 包的核心思想是创造一个"熔化"的数据集版本(通过 melt 函数),然后将其"投入"(用 cast 函数)到一个所希望的目标对象中。为了以适当的熔化形式熔化一个数据框、列表或数组,首先要将变量分成编号变量和测量或分析变量,这通常可以明显地从数据的性质看出。默认情况下,melt 将因子和整数值变量当做编号变量,把其余的变量作为分析变量;如果你的数据是按照这种方法构建的,就不需要对 melt 提供额外的信息。否则,要使用 id.var = 或 measure.var = 参数;如果你指定其中一个,它会假设所有其它变量是另一种类型。一旦一个数据集熔化,它可以转换成各种形式。

作为一个简单的例子,考虑从 state.x77 数据框形成的数据集,与 state.region 变量相合并:

```
> states = data.frame(state.x77,state=row.names(state.x77),
+                     region=state.region,row.names=1:50)
```

state 和 region 变量存储的形式为因子,所以当进行数据熔化时它们将被自动识别为编号变量:

```
> library(reshape)
> mstates = melt(states)
Using state, region as id variables
```

请注意,melt 会显示被自动转成编号变量的变量名称。熔化的基本操作保留编号变量,并将测量变量转换成两列,分别名为 variable(这是为明确哪些变量是测量变量)和 value(包含变量的实际值)。你可以通过使用 melt 函数的 variable_name = 参数为测量变量指定一个变量名,而不用 variable 这个名称。

传递给 cast 的公式左边代表会出现在结果中的列的变量,而右边的变量描述将出现在结果中的行的变量。cast 所用公式可以包括一个单点 (.),代表一个整体性的概括,或三个点(...),代表在公式中没有包含的所有变量。在最简单的情况下,我们可以用公式"... ~ variable"来重现一个数据集。

当用来进行汇总时,应该提供一个汇总函数,否则,它会使用 length。假设我们希望计算按地区分组的每个变量的均值,在输出的数据框中地区作为一列:

P. 121

```
> cast(mstates,region~variable,mean)
          region Population   Income Illiteracy Life.Exp
1      Northeast   5495.111 4570.222  1.000000 71.26444
2          South   4208.125 4011.938  1.737500 69.70625
3  North Central   4803.000 4611.083  0.700000 71.76667
4           West   2915.308 4702.615  1.023077 71.23462
     Murder   HS.Grad    Frost      Area
1  4.722222 53.96667 132.7778  18141.00
2 10.581250 44.34375  64.6250  54605.12
3  5.275000 54.51667 138.8333  62652.00
4  7.215385 62.00000 102.1538 134463.00
```

如果想要每个 variable 为一行,而非每个 region 一行,我们可以通过颠倒公式中变量的位置进行改变:

```
> cast(mstates,variable~region,mean)
     variable    Northeast       South North Central
1  Population  5495.111111  4208.12500    4803.00000
2      Income  4570.222222  4011.93750    4611.08333
3  Illiteracy     1.000000     1.73750       0.70000
4    Life.Exp    71.264444    69.70625      71.76667
5      Murder     4.722222    10.58125       5.27500
6     HS.Grad    53.966667    44.34375      54.51667
7       Frost   132.777778    64.62500     138.83333
8        Area 18141.000000 54605.12500   62652.00000
          West
1 2.915308e+03
2 4.702615e+03
3 1.023077e+00
4 7.123462e+01
5 7.215385e+00
6 6.200000e+01
7 1.021538e+02
8 1.344630e+05
```

P.122 要限制所使用的变量,我们可以使用 cast 的 subset = 参数。由于此参数使用熔化的数据,我们需要参考名为 variable 的变量:

```
> cast(mstates,region~variable,mean,
+          subset=variable %in% c('Population','Life.Exp'))
          region Population Life.Exp
1      Northeast   5495.111 71.26444
```

```
2          South   4208.125 69.70625
3 North Central   4803.000 71.76667
4           West   2915.308 71.23462
```

与 aggregate 函数不同,aggregate 函数不接受返回值为向量的函数,而 cast 函数接受这样的函数,并使用返回的向量名称在其输出中形成新的变量名。此外,还可以提供函数的列表。假设我们要计算 states 数据框中 Population 和 Lif.Exp 变量的均值、中位数和标准差。由于每个统计量都有内置函数,它们可以用列表的形式传递给 cast:首先,我们可以对整个数据集计算这些数值:

```
> cast(mstates,.~variable,c(mean,median,sd),
+          subset=variable %in% c('Population','Life.Exp'))
  value Population_mean Population_median Population_sd
1 (all)        4246.42           2838.5       4464.491
  Life.Exp_mean Life.Exp_median Life.Exp_sd
1       70.8786          70.675     1.342394
```

由于在波形符的右侧指定 variable,所有变量的所有统计量都在一行中列出。我们更熟悉的形式是将变量作为列给出,这可以通过颠倒变量在公式中的位置完成:

```
> cast(mstates,variable~.,c(mean,median,sd),
+      subset=variable %in% c('Population','Life.Exp'))
    variable      mean   median          sd
1 Population 4246.4200 2838.500 4464.491433
2   Life.Exp   70.8786   70.675    1.342394
```

如果使用分组变量汇总,公式中的句点可以用分组变量代替,此例中的变量是 region:

```
> cast(mstates,region~variable,c(mean,median,sd),
+          subset=variable %in% c('Population','Life.Exp'))
         region Population_mean Population_median Population_sd
1     Northeast        5495.111            3100.0      6079.565
2         South        4208.125            3710.5      2779.508
3 North Central        4803.000            4255.0      3702.828
4          West        2915.308            1144.0      5578.607
  Life.Exp_mean Life.Exp_median Life.Exp_sd
```

1	71.26444	71.23	0.7438769
2	69.70625	70.07	1.0221994
3	71.76667	72.28	1.0367285
4	71.23462	71.71	1.3519715

如果颠倒了 region 和 variable,对于 region,mean,median,sd 的每一个组合都有一个变量,这对于结果显示和进一步运算都不方便。为了提供更多的灵活性,可以用竖线(|)使 cast 生成一个列表而非数据框。要创建一个对于每一地区数据单独概括的列表,我们可以在竖线后指定区域,并在公式中用一个句点替换它:

```
> cast(mstates,variable~.|region,
+           c(mean,median,sd),
+           subset=variable%in%c('Population','Life.Exp'))
$Northeast
      variable      mean  median          sd
1 Population 5495.11111 3100.00 6079.5651457
2    Life.Exp   71.26444   71.23    0.7438769

$South
      variable      mean  median          sd
1 Population 4208.12500 3710.50 2779.508251
2    Life.Exp   69.70625   70.07    1.022199

$'North Central'
      variable      mean  median          sd
1 Population 4803.00000 4255.00 3702.827593
2    Life.Exp   71.76667   72.28    1.036729

$West
      variable      mean  median          sd
1 Population 2915.30769 1144.00 5578.607015
2    Life.Exp   71.23462   71.71    1.351971
```

请注意,这样做为每个地区创建一个单独的列表元素,这些元素的内容类似于前面的例子中用公式"variable ~ ."所创建的内容。

前面例子的原则很容易扩展到带有多个编号变量的情况。再次以 ChickWeight 数据框为例。这个数据框包含变量 weight,Time,Chick 和 Diet。最后三个变量代表编号变量,weight 是唯一的测量变量。由于 Time 作为数值型变量存储,必须给 melt 函数明确提供编号变量和测量变量:

```
> mChick = melt(ChickWeight,measure.var='weight')
```

要创建一个包含 Diet 和 Time 的每个水平的 weight 中位数的数据框,可以 P.124
如下调用 cast:

```
> head(cast(mChick,Diet + Time ~ variable,median))
  Diet Time weight
1    1    0     41
2    1    2     49
3    1    4     56
4    1    6     67
5    1    8     79
6    1   10     93
```

注意,表达式左边指定的最后一个变量(Time)是变化最快的变量。

要对每个时间上的中位数创建一个单独的列,Time 可以移动到该公式
的右边:

```
> cast(mChick,Diet ~ Time + variable,mean)
  Diet 0_weight 2_weight 4_weight 6_weight 8_weight
1    1     41.4    47.25 56.47368 66.78947 79.68421
2    2     40.7    49.40 59.80000 75.40000 91.70000
3    3     40.8    50.40 62.20000 77.90000 98.40000
4    4     41.0    51.80 64.50000 83.90000 105.60000
   10_weight 12_weight 14_weight 16_weight 18_weight 20_weight
1  93.05263  108.5263  123.3889  144.6471  158.9412  170.4118
2 108.50000  131.3000  141.9000  164.7000  187.7000  205.6000
3 117.10000  144.4000  164.5000  197.4000  233.1000  258.9000
4 126.00000  151.4000  161.8000  182.0000  202.9000  233.8889
   21_weight
1  177.7500
2  214.7000
3  270.3000
4  238.5556
```

为了创建一个列表,Diet 的每个水平和 Time 的每个水平下的 weight 中位
数为列表中的一个元素,可如下使用竖线:

```
> cast(mChick,Time ~ variable|Diet,mean)
$'1'
  Time   weight
1    0 41.40000
2    2 47.25000
3    4 56.47368
```

```
4     6   66.78947
5     8   79.68421
6    10   93.05263
        . . .
```

P. 125
```
$'4'
   Time   weight
1     0   41.0000
2     2   51.8000
3     4   64.5000
4     6   83.9000
5     8  105.6000
6    10  126.0000
        . . .
```

在前面的例子中编号变量值的每个组合都有有效的值。如果不是这样, cast 默认仅包括组合中遇到的实际数据。要包含所有可能的组合, 可使用 add.missing = TRUE 参数。例如, 假设我们删除 ChickWeight 中 Diet 和 Time 的一个组合:

```
> xChickWeight = subset(ChickWeight,
+                   !(Diet == 1 & Time == 4))
> mxChick = melt(xChickWeight,measure.var='weight')
> head(cast(mxChick,Diet + Time ~ variable,median))
  Diet Time weight
1    1    0     41
2    1    2     49
3    1    6     67
4    1    8     79
5    1   10     93
6    1   12    106
```

通过使用 add.missing = TRUE, 创建了缺失组合的观测, 该观测的分析变量的值为缺失值:

```
> head(cast(mxChick,Diet + Time ~ variable,median,
+          add.missing=TRUE))
  Diet Time weight
1    1    0     41
2    1    2     49
3    1    4     NA
4    1    6     67
5    1    8     79
6    1   10     93
```

在前面的例子中,首先熔化数据集,然后重复调用 cast。如果只需要调用一次 cast,可用 recast 函数将 cast 和 melt 过程合并到一次调用中:

```
> head(recast(xChickWeight,measure.var='weight',
+              Diet + Time ~ variable,median,
+              add.missing=TRUE))
  Diet Time weight
1    1    0     41
2    1    2     49
3    1    4     NA
4    1    6     67
5    1    8     79
6    1   10     93
```

P. 126

8.7　R 中的循环

在前面的章节中,apply 族函数(及相关的包)已作为重复性任务(如对列表的每一个元素运算,或对数据的不重复的组运算)的第一选择提出。其主要决定因素是函数的简单化,以及它们有能力正确地使用赋予其输入参数的名称。但是,这种编程方式既不灵便,也不为大家所熟悉,所以很多人想在 R 中利用其掌握的其它编程语言的知识,通过使用更熟悉的编程结构比如循环来做同样的事情 。对一些 apply 族函数的源码考察表明,这些函数都在内部使用循环,以完成任务,因此那些仅基于效率的非循环的参数也没有太大的作为。循环的真正问题是,有些便于使用的、可以用循环来实现的运算在 R 中效率极低。在本节及以下章节中,我们将通过使用 system.time 函数探索不同方法在处理几种常见问题时的效率。这个函数接受任何有效的 R 表达,并返回一个长度为 5 的向量,包含用户的 CPU 时间,系统的 CPU 时间,运算所用的时间,以及任何子过程的用户和系统时间。第一个值,即用户的 CPU,通常是最有用的效率指标,而且当相同任务重复时,其变化较小。由于函数中的参数采用等号来确认关键词,使用 system.time 的一个限制是要计时的赋值语句必须使用赋值运算符的"gets"形式,即采用<-而非等号。

在查看要避免的情况之前,让我们看一个简单的例子:计算矩阵每一列的均值。这个问题如此普遍,rowMeans 函数即可提供非常有效的解决方案:

```
> dat = matrix(rnorm(1000000),10000,100)
> system.time(mns <- rowMeans(dat))
[1] 0.008 0.000 0.010 0.000 0.000
```

另一个解决办法是采用 apply：

P. 127
```
> system.time(mns <- apply(dat,2,mean))
[1] 0.032 0.020 0.056 0.000 0.000
```

接下来，我们可以使用一个循环来分别计算每列的均值。注意，在这种情况下，我们需要初始化结果向量 mns，以与答案的格式相适应：

```
> system.time({m <- ncol(dat)
+                   for(i in 1:m)mns[i] <- mean(dat[,i])})
[1] 0.032 0.004 0.036 0.000 0.000
```

执行时间上的差别其实不大（循环所用的系统时间略少）。在这种情况下 apply 的主要优点是，它无需担心结果向量，而且如果矩阵已经被命名，这些名字将被传递给结果。

请记住，前面的例子还利用了向量化的优点：每一列的均值由一个单一的 mean 调用计算。在矩阵的各元素之间使用循环总是错误的。考虑下面的函数，它通过各列元素的和除以列的长度来计算各列的均值：

```
> slowmean = function(dat){
+   n = dim(dat)[1]
+   m = dim(dat)[2]
+   mns = numeric(m)
+   for(i in 1:n){
+     sum = 0;
+     for(j in 1:m)sum = sum + dat[j]
+     mns[i] = sum / n
+   }
+   return(mns)
+}
> system.time(mns <- slowmean(dat))
[1] 2.100 0.000 2.097 0.000 0.000
```

没有任何向量化计算，计算远比其它方法慢。这说明除非使用向量化计算，否则 R 的计算将十分缓慢。

在离开这个问题之前，应该提到的是，对于任何给定的问题，都可能有一个最好的解决方案。例如，矩阵每一列的均值可以直接使用矩阵表达式计算如下：

```
> system.time({m = dim(dat)[1];mns = rep(1,m) %*% dat / m})
[1] 0.020 0.000 0.021 0.000 0.000
```

这里的计算时间比 apply 和循环方法都有所改善，但仍然不如 colMeans 方法的效率高。

这说明循环本身在 R 中并不一定效率低下，但他们肯定应该尽可能利用向量化的优势，使它们与其它技术相比更具有竞争力。 P.128

为了了解在 R 中造成问题的循环的种类，有必要先弄清楚 R 是如何存储矩阵的：即作为一维向量，矩阵的各列"堆积"在彼此顶部。一个很常见的操作是从一个空矩阵开始依迭代法建立一个矩阵，再使用 rbind 函数使矩阵逐行增长。这种方法有两个问题。矩阵的大小在每次迭代中都发生变化，这导致在内存分配上花费更多的时间。更重要的是，由于每增加一行都使矩阵中的各列变大，每当在内存中增加一行，矩阵中的所有元素都需要重新安排。这种内存的重复分配和重新安排很快就导致程序效率的损失。

考虑一个比较小的任务——建立矩阵，共 100 行。由于循环的规则，这可以实现如下：

```
> system.time(m <- matrix(1:100,10000,100,byrow=TRUE))
[1] 0.022 0.003 0.025 0.000 0.000
```

采用逐步建立矩阵的方法，同样的任务执行起来要慢得多：

```
> buildrow = function(){
+     res = NULL
+     for(i in 1:10000)res = rbind(res,1:100)
+     res
+ }
> system.time(buildrow())
[1] 239.236   21.446 260.707    0.000    0.000
```

两种因素降低了计算的速度：第一，每当矩阵增加一行，res 的大小就发生变化，造成 R 在每次迭代时重新分配内存。此外，由于 R 在其内部按列存储矩阵，矩阵中每增加一行意味着矩阵的每一列都要扩展，造成大量数据在内存中来回进进出出。根据这一推理，按相等大小的列建立矩阵会较快，因为它需要较少的数据的重新排列：

```
> buildcol = function(){
+    res = NULL
+    for(i in 1:10000)res = cbind(res,1:100)
+    t(res)
+ }
> system.time(buildcol())
[1] 142.666   20.596   163.289    0.000    0.000
```

P.129 虽然这可以算是加速,但仍远远不是一个最佳的解决方案。是什么让第一种技术如此之快? 当使用 matrix 函数时,在数据生成之前便可以决定结果矩阵的大小。我们可以为基于循环的解决方案提供相同的优势:

```
> buildrow1 = function(){
+    res = matrix(0,10000,100)
+    for(i in 1:10000)res[i,] = 1:100
+    res
+ }
> system.time(buildrow1())
[1] 0.242 0.015 0.257 0.000 0.000
```

即使我们不知道矩阵将包含多少行,它仍然会更快地分配比我们的需要更多的行,然后在最后截断矩阵。例如,让我们在把一行加入到输出矩阵之前检查一个随机数字的值,使其仅包括 50% 的行。首先,我们以一个 NULL 矩阵开始:

```
> somerow1 = function(){
+    res = NULL
+    for(i in 1:10000)if(runif(1) < .5)res = rbind(res,1:100)
+    res
+ }
> system.time(somerow1())
[1] 51.007   6.062   57.125   0.000   0.000
```

下一步,我们将布置一个足以容纳所有行的矩阵,然后在尾部截断:

```
> somerow2 = function(){
+    res = matrix(0,10000,100)
+    k = 0
+    for(i in 1:10000)if(runif(1) < .5){
+        k = k + 1
+        res[k,] = 1:100
+    }
```

```
+    res[1:k,]
+ }
> system.time(somerow2())
[1] 0.376 0.027 0.404 0.000 0.000
```

只要有足够的初始分配内存,在创建矩阵之前构造一个足够大的矩阵,一般会比多次调用 rbind 更快。

如果在构造行之前难以布置或根本无法布置适当的矩阵,我们可以利用 R 中列表与矩阵存储方式之间存在巨大差异的优势。特别是当内存列表元素使用的内存没有必要相连时,这意味着在列表中增加一个元素并不需要在内存中进行像相应的矩阵运算那么多的数据操作。具体的策略是先建立行的列表,这将最终成为矩阵,然后使用 do.call 在一次操作中将所有的行传递给 rbind: P.130

```
> somerow3 = function(){
+    res = list()
+    for(i in 1:10000)if(runif(1) < .5)res = c(res,list(1:100))
+    do.call(rbind,res)
+ }
> system.time(somerow3())
[1] 33.308  0.247   33.575  0.000   0.000
```

虽然远不如更加理想的方法那么快,但当最终结果矩阵的大小难以确定时,这种技术可能会被证明有用。

第 9 章

重 塑 数 据

R 的设计,使个别函数对其输入没有充分的灵活性。大多数函数输入P. 131的数据以一个特定的方式排列,确保输入数据的适当形式是用户的责任。因此,即使你已经读取或创建了自己的数据,仍有必要修改你的数据以满足函数的需要。

本章的重点是数据框的处理,因为这是大多数 R 函数所要求的形式。

9.1 修改数据框中的变量

由于数据框是列表,可以通过给一个数据框中尚不存在的列赋值创建新变量。由于 R 运算的向量化,不用循环即可实现转换。以 Loblolly 数据为例,该数据包括多种树的 height 和 age 变量。要创建一个称为 logheight 的变量,代表 height 变量的对数,我们可以使用如下语句:

> Loblolly$logheight = log(Loblolly$height)

或

> Loblolly['logheight'] = log(Loblolly['height'])

上述语句不会改变系统中的 Loblolly 数据框,但你本地的 Loblolly 数据副本将增加新的一列 logheight。

有两个函数使你可以很方便地访问数据框的列,但并不需要重新输入数据框的名称。with 函数可以用于任何表达式的计算,首先在你所选择的数据框中寻找进行计算的变量。例如,在前面的例子中,可以使用下面的语句创建 logheight 列:

> with(Loblolly,log(height))

在往现有的数据框中添加新列的情况下,可以使用 transform 函数。transform 函数的第一个参数是一个数据框,其余的参数定义一些新列,这些列和原数据框的所有列一起返回。每个新列都由 name = value 定义。因此,在 Loblolly 数据框中创造一个新列 logheight 还可用另一个方法

> Loblolly = transform(Loblolly,logheight = log(height))

再次提醒你,系统中的 Loblolly 数据框没有改变,但本地工作区的 Loblolly 数据框将增添新列。

若要从一个数据框删除一列,可将其值设置为 NULL。在这种情况下也可以使用 subset 函数(见第 6.8 节)。负的下标,表示提取除负下标以外所有的元素,也可以用来创建一个数据框,删除原始数据框中被选定的行或列。

如果操作的目标是改写原始数据中的变量,对数据框某一列的操作往往要在其它列多次重复。在这样的情况下,只要在右边的表达式大小相同,赋值语句左边可以包含多个列。例如,如果要将 iris 数据集中四个数值型变量的长度单位由厘米转换为英寸,我们可以使用 sapply 函数对四个列一次完成操作,并将结果赋予这些相同的列:

> iris[,-5] = sapply(iris[,-5],function(x)x/2.54)

9.2　变量的重新编码

很多时候,有必要依据原变量的值创建一个新的变量。例如,在列联表分析中,我们可能需要将具有不同值的观测合并为一组,并给它们分配一个统一的新值。对于 Logistic 回归分析,可能有必要将一个连续变量转变为一个取值为 0 或 1 的变量。对于简单的情况,逻辑变量可以用来直接把连续变量转换为二值变量。例如,使用 iris 数据框,假设我们想创建一个

新的变量——bigsepal,当 Sepal.Length 大于 6 时为 TRUE,其它为 FALSE。
我们可以简单地创建相应的逻辑变量:

```
> bigsepal = iris$Sepal.Length > 6
```

当一个逻辑变量用在一个数值环境中,它会自动将 TRUE 转换为 1, P.133
FALSE 转换为 0。因此,可以利用逻辑变量创建有两个以上水平的类型变
量。假设我们想基于 Sepal.Length 创建一个类型变量,称为 sepalgroup,
长度小于等于 5 时为 1,5 和 7 之间为 2,大于等于 7 为 3。我们可以如下合
并逻辑变量:

```
> sepalgroup = 1 + (iris$Sepal.Length >= 5)
+                 + (iris$Sepal.Length >= 7)
```

请注意,在这种情况下,使用 cut 可达到同样的效果(见第 5.4 节):

```
> sepalgroup = cut(iris$Sepal.Length,c(0,5,7,10),
+                  include.lowest=TRUE,right=FALSE)
```

对于一些重新编码任务,ifelse 函数可能会比直接使用逻辑变量更有
用。假设我们有一个变量称为 group,取值在 1 至 5 之间,我们希望建立一
个新的变量,如果原来的变量值是 1 或 5,新变量值等于 1,否则等于 2。
ifelse 语句接受一个逻辑向量作为其第一个参数,同时,还包括其它两个
参数:第一个参数是当输入的逻辑向量为真时的参数值,第二个是输入的
逻辑向量为伪时的参数值。因此,在这个例子中,我们可以用下面的语句
得到所希望的结果:

```
> newgroup = ifelse(group %in% c(1,5),1,2)
```

ifelse 的第二个和第三个参数将循环重复,以与输入的逻辑向量相适应。

请注意,ifelse 返回的对象与第一个输入参数的形状相同,所以 ife-
lse 被有效地限制在每个元素的期望结果是标量的情况下。如果 ifelse
的第二个或第三个参数返回一个向量,ifelse 的返回值将自动在第一个元
素之后截断。

对 ifelse 的调用可以嵌套。继续前面的例子,如果我们想将值 1 和 5
重新编码为 1,2 和 4 为 2,其它值(此时为 3)为 3,我们可以如下使用嵌套
调用 ifelse:

```
> newgroup = ifelse(group %in% c(1,5),1,
+                   ifelse(group %in% c(2,4),2,3))
```

ifelse 的警告信息是有顺序的。如果 ifelse 的第一个参数中的任一

元素为真,那么第二个参数的值都将需要进行评估。同样,如果输入的任何内容为伪,那么必须对第三个参数中的每个值进行评估。如果替代值需要大量的计算,这可能导致 ifelse 出奇地缓慢。此外,对许多不同类型的数据使用 ifelse 会导致奇怪的结果。作为一个简单的例子,假设我们有一个向量 x,我们想对大于 0 的值取对数,而对于小于或等于 0 的值取绝对值。如果我们正好提供了一个所有的值都小于零的向量,那么没有问题:

P. 134

```
> x = c(-1.2,-3.5,-2.8,-1.1,-0.7)
> newx = ifelse(x > 0,log(x),abs(x))
> newx
[1] 1.2 3.5 2.8 1.1 0.7
```

一旦向量中一个或多个值满足条件 x>0,在 R 评估负数的对数值时就会出现报警,即使实际上它并不会返回这些值:

```
> x = c(-1.2,-3.5,-2.8,1.1,-0.7)
> newx = ifelse(x > 0,log(x),abs(x))
Warning message:
NaNs produced in: log(x)
> newx
[1] 1.20000000 3.50000000 2.80000000 0.09531018 0.70000000
```

如果我们额外添加一些操作,问题便可以避免:

```
> newx = numeric(length(x))
> newx[x > 0] = log(x[x > 0])
> newx[x <= 0] = abs(x[x <= 0])
> newx
[1] 1.20000000 3.50000000 2.80000000 0.09531018 0.70000000
```

由于 R 表达式返回他们的计算值 ,所以还有另一种解决方案,将 sapply 和 if/else 表达式一起使用:

```
> newx = sapply(x,function(t)if(t > 0)log(t) else abs(t))
```

9.3　recode 函数

对变量重新编码有一个非常灵活的方法,由 car 包的 recode 函数提供,可通过 CRAN 下载。与其它统计语言的设置相似,recode 函数接受值域的描述,以及要赋给该值域内的观测的一个新的常数值。这些区间/常数值对作为字符串传递给 recode,用等号(＝)分隔区间和常数值,用分号

(;)分隔每个区间/常数值对。

区间/常数值对有四种类型：

1. 单一的常数值，例如 3 = ′control′
2. 多个值，例如 c(1,5) = 5
3. 取值区间，例如 5:7 = ′middle′。特殊值 lo 和 hi 可以出现在一个区间中，P.135 表示重新编码变量的最低或最高值。
4. 单词 else，代表所提供的区间以外的值，例如 else = ′not found′。

因此，要将值 1 和 5 重新编码为 1，2 和 4 为 2，其它值为 3，我们可以如下利用 recode(先加载 car 包)：

```
> newgroup = recode(group,'c(1,5)=1;c(2,4)=2;else=3')
```

9.4 重塑数据框

一次具体的运算所需要的值常可在一个数据框中找到，但它们往往并没有以适当的方式来组织。作为一个简单的例子，多重分组的数据常常以列的形式存储在电子表格或数据汇总结果中。R 中的大多数建模和制图函数不能对此类数据操作，它们希望这些值在一个单独的列中，附带另外一列以确定产生数据的那个组 。stack 函数可以重新组织有此属性的数据集。作为一个例子，假定有三组数据在数据框中存储如下：

```
> mydata = data.frame(grp1=c(12,15,19,22,25),
+                     grp2=c(18,12,42,29,44),
+                     grp3=c(8,17,22,19,31))
> mydata
  grp1 grp2 grp3
1   12   18    8
2   15   12   17
3   19   42   22
4   22   29   19
5   25   44   31
```

要执行方差分析或对每组生成一个直方图，数据将需要用 stack 重新安排：

```
> sdata = stack(mydata)
> head(sdata)
  values  ind
1     12 grp1
2     15 grp1
```

```
3      19 grp1
4      22 grp1
5      25 grp1
6      18 grp2
```

P. 136 如果在数据框中有不必要转换为这种形式的其它变量，stack 函数的 se-
lect = 参数允许你指定要使用的变量，与 subset 函数的相同参数类似。

　　unstack 函数将数据转回到每组一列的原始形式。要使用 unstack，必
须提供一个公式来说明要解除堆栈的变量的作用。要将 sdata 数据框转
换回其原来的形式，可如下调用 unstack 函数：

```
> mydata = unstack(sdata,values~ind)
> head(mydata)
  grp1 grp2 grp3
1   12   18    8
2   15   12   17
3   19   42   22
4   22   29   19
5   25   44   31
```

　　对于更复杂的重组，"宽"与"长"数据集的概念往往有用。当一个单一
的观测有多个值出现时，如果数据框中每一次出现都表现为单独的一行，
称一个数据框为长形数据框；如果一个给定的观测的所有值的多次出现都
在同一行，称该数据框为宽形数据框。reshape 函数承担这两种形式的数
据集之间的转换。

　　reshape 最常见的使用或许涉及到重复测量分析，其中相同的变量记
录在不同时间的每个观测中。对于某些类型的分析（例如，分区设计），长
型是首选；对于其它分析（例如，相关研究），则需要宽形数据框。例如，考
虑下面的人工数据集，它包含 4 个主体在 3 个不同时间上 x 和 y 两个变量
的观测：

```
> set.seed(17)
> obs = data.frame(subj=rep(1:4,rep(3,4)),
+                   time=rep(1:3),
+                   x=rnorm(12),y=rnorm(12))
> obs
  subj time          x           y
1    1    1 -1.01500872  1.29532187
2    1    2 -0.07963674  0.18791807
3    1    3 -0.23298702  1.59120510
```

```
                     . . .
 9      3      3   0.25523700    0.68102765
10      4      1   0.36658112   -0.68203337
11      4      2   1.18078924   -0.72325674
12      4      3   0.64319207    1.67352596
```

若要使用 reshape 将数据集转换为宽形，需要提供 5 个参数。第 1 个参数 P.137
是要被重塑的数据框。接下来的 3 个参数提供在重塑中涉及到的列名。
idvar = 参数提供变量名称，用来定义要反复测量的实验单位。在此例中为
subj 变量。v.names = 参数告诉 reshape 函数，长形数据框的哪些变量要
用来创建宽形格式的多个变量。此例中，我们要将 x 和 y 两个变量都扩展
为多个变量，所以我们要指定一个向量，包含这些新变量的名称。timevar =
变量告诉 reshape 哪个变量用来确定序列号，将被用来创建 v.names 变量
的多元版本；此例中为 time。最后，direction = 参数接受 "wide" 或 "long"
的值，这取决于要进行怎样的变换。把所有这一切都放在一起，我们可以
用如下方式调用 reshape 函数，执行宽形格式的转换：

```
> wideobs = reshape(obs,idvar='subj',v.names=c('x','y'),
+                    timevar='time',direction='wide')
> wideobs
   subj        x.1          y.1          x.2         y.2
1     1  -1.0150087   1.29532187  -0.07963674   0.1879181
4     2  -0.8172679  -0.05517906   0.77209084   0.8384711
7     3   0.9728744   0.62595440   1.71653398   0.6335847
10    4   0.3665811  -0.68203337   1.18078924  -0.7232567
            x.3          y.3
1    -0.2329870   1.5912051
4    -0.1656119   0.1593701
7     0.2552370   0.6810276
10    0.6431921   1.6735260
```

请注意，传递给 reshape 的是变量的名称，而不是变量的实际值。

名称 x.1,y.1 等是通过把 v.names 参数所指定的变量名称和 timevar =
变量的值合并在一起得到的。在 v.names = 参数中未指定的变量对于
idvar 变量为相同值的所有观测设为常数，而在输出的数据框中这些变量
只出现一次。只有在 v.names = 参数中出现的变量名称将被转换成多个变
量，因此，任何变量在数据框中，但不在 v.names = 参数中，且不是常数，
reshape(重塑)将给出警告信息，并在转换为宽格式时使用这些变量的第一
个值。为了防止变量被转移到输出的数据框，drop = 参数可用来传递一个

变量名向量,指明转换中要忽略的变量。

P.138 　　　关于重塑过程的信息以数据框属性的形式被存储在转换后的数据框中,所以数据框一旦通过 reshape 被转换,可以通过仅将数据框传递给 reshape 把它变为以前的格式,不添加别的参数。因此,我们可以用如下语句将 wideobs 数据框转换到原来的长格式:

```
> obs = reshape(wideobs)
> head(obs)
    subj time           x            y
1.1    1    1 -1.01500872  1.29532187
2.1    2    1 -0.81726793 -0.05517906
3.1    3    1  0.97287443  0.62595440
4.1    4    1  0.36658112 -0.68203337
1.2    1    2 -0.07963674  0.18791807
2.2    2    2  0.77209084  0.83847112
```

以 USPersonalExpenditure 数据集为例,说明从宽格式到长格式的转换。由于它存储为一个矩阵,我们首先将其转换为一个数据框,将其行名转移到一个称为 type 的变量:

```
> usp = data.frame(type=rownames(USPersonalExpenditure),
+                  USPersonalExpenditure,row.names=NULL)
> usp
               type  X1940  X1945 X1950 X1955 X1960
1    Food and Tobacco 22.200 44.500 59.60  73.2 86.80
2 Household Operation 10.500 15.500 29.00  36.5 46.20
3  Medical and Health  3.530  5.760  9.71  14.0 21.10
4       Personal Care  1.040  1.980  2.45   3.4  5.40
5   Private Education  0.341  0.974  1.80   2.6  3.64
```

由于 reshape(重塑)可以处理多组变量,应该传递一个包含不同变量集名称的向量给 varying＝参数,这些变量集要投影到长形数据集的一个变量上。在当前的例子中,只有一个要被投影的变量集,所以我们传递一个适当的变量名向量列表。这个列表与 direction＝'long'参数一起,足以完成数据集的转换:

```
> rr = reshape(usp,varying=list(names(usp)[-1]),direction='long')
> head(rr)
               type time  X1940 id
1.1      Food and Tobacco    1 22.200  1
2.1   Household Operation    1 10.500  2
3.1    Medical and Health    1  3.530  3
```

```
4.1        Personal Care    1   1.040   4
5.1     Private Education    1   0.341   5
1.2      Food and Tobacco    2  44.500   1
```

通过给 reshape 提供额外的信息，由此产生的数据框可以被修改，以提供更多有用的信息。例如，自动生成的变量 id 只不过是与 type 变量相对应的一个数值型索引而已；使用 idvar =，type，将抑制其创建。自动生成 P.139 的变量 time 默认为一组连续的整数；通过 times = 参数提供更有意义的值将使这些值得到更合适的标签。最后，使用 v.names = 参数可以给代表这些值的列（默认为 varying = 参数的第一个名称）设置一个更有意义的名称。

```
> rr=reshape(usp,varying=list(names(usp)[-1]),idvar='type',
+           times=seq(1940,1960,by=5),v.names='expend',
+           direction='long')
> head(rr)
                                       type time expend
Food and Tobacco.1940       Food and Tobacco 1940 22.200
Household Operation.1940 Household Operation 1940 10.500
Medical and Health.1940     Medical and Health 1940  3.530
Personal Care.1940              Personal Care 1940  1.040
Private Education.1940       Private Education 1940  0.341
Food and Tobacco.1945       Food and Tobacco 1945 44.500
```

在类似此例的情况下，预期的时间值被嵌入在被转换的变量名中，split = 参数可用于自动确定包含这些值的变量的时间及名称。当你使用 split = 参数时，varying = 参数应该是一个向量，而不是一个列表，因为 reshape 会找出基于拆分变量名所得到的前缀所确定的变量集。split = 参数以包含两个元素的列表形式被传递：regexp 和 include。regexp 提供了一个正则表达式，用来拆分通过 varying = 参数提供的名称。拆分出的第一部分用来作为包含值的变量名，第二部分将被用于形成 reshape 产生的 time 变量值。为了使正则表达式作为所创建的名字和值的一部分，要将 include 参数设置为 TRUE。因此，不明确提供时间值，重塑 usp 数据框的另外一种办法是：

```
> rr1 = reshape(usp,varying=names(usp)[-1],idvar='type',
+        split=list(regexp='X1',include=TRUE),direction='long')
> head(rr1)
                                       type time       X
Food and Tobacco.1940       Food and Tobacco 1940 22.200
Household Operation.1940 Household Operation 1940 10.500
```

```
Medical and Health.1940        Medical and Health  1940   3.530
Personal Care.1940                Personal Care  1940   1.040
Private Education.1940         Private Education  1940   0.341
Food and Tobacco.1945          Food and Tobacco  1945  44.500
```

要用你自己喜欢的行名替换生成的行名,可使用 new.row.names＝参数。

9.5   reshape 包

P.140 　　在第 8.6 节介绍的 reshape 包,使用了“熔化”数据(通过 melt 函数)的概念,将数据集熔化成数据框,每一个编号变量都独占一列,有一个 variable 列载有每个测量变量的名称,最后一列名为 value,负载变量的值。请注意,这种熔化操作本质上是一种“从宽到长”的数据重塑。使用前面例子的 usp 数据框,我们可以很容易地将熔化数据转换成长形数据如下:

```
> library(reshape)
> usp = data.frame(type=rownames(USPersonalExpenditure),
+                  USPersonalExpenditure,row.names=NULL)
> musp = melt(usp)
> head(musp)
                 type variable   value
1       Food and Tobacco    X1940  22.200
2 Household Operation    X1940  10.500
3     Medical and Health    X1940   3.530
4             Personal Care    X1940   1.040
5     Private Education    X1940   0.341
6       Food and Tobacco    X1945  44.500
```

为了完成转换,我们只需要从 variable 列删除“X”,将其重命名为 time,并将 value 列重新命名为 expand:

```
> musp$variable = as.numeric(sub('X','',musp$variable))
> names(musp)[2:3] = c('time','expend')
> head(musp)
                 type time expend
1       Food and Tobacco 1940 22.200
2 Household Operation 1940 10.500
3     Medical and Health 1940  3.530
4             Personal Care 1940  1.040
5     Private Education 1940  0.341
6       Food and Tobacco 1945 44.500
```

请记住,variable 是一个因子,而 sub 函数在操作之前将其转换为一个字符;如果你直接使用它,在使用之前你可能需要将它传递给 as.character。因为编号变量和测量变量都出现在"长形"数据的列中,这个转换也可以使用如下方式进行:

```
cast(musp,variable + type ~ .)
```

对于从长到宽的转换,要记得传递给 cast 的公式中波形符左侧出现的变量将出现在输出列,而右侧那些将出现在输出行。使用上一节中模拟的数据,我们把 subj 放在公式左边,把 variable(由 melt 函数创建的)和P.141 time 放在公式的右边:

```
> set.seed(17)
> obs = data.frame(subj=rep(1:4,rep(3,4)),
+                  time=rep(1:3),
+                  x=rnorm(12),y=rnorm(12))
> mobs = melt(obs)
> cast(subj ~ variable + time,data=mobs)
  subj       x_1        x_2         x_3         y_1         y_2
1    1 -1.0150087 -0.07963674 -0.2329870  1.29532187  0.1879181
2    2 -0.8172679  0.77209084 -0.1656119 -0.05517906  0.8384711
3    3  0.9728744  1.71653398  0.2552370  0.62595440  0.6335847
4    4  0.3665811  1.18078924  0.6431921 -0.68203337 -0.7232567
        y_3
1 1.5912051
2 0.1593701
3 0.6810276
4 1.6735260
```

派生列的名称是按照公式中右边变量输入的顺序建立的。

要将每个时间上的数据分离到一个单独的列表元素,可使用竖线(|):

```
> cast(subj ~variable|time,data=mobs)
$'1'
  subj        x          y
1    1 -1.0150087  1.29532187
2    2 -0.8172679 -0.05517906
3    3  0.9728744  0.62595440
4    4  0.3665811 -0.68203337

$'2'
  subj        x          y
1    1 -0.07963674  0.1879181
```

```
2    2    0.77209084     0.8384711
3    3    1.71653398     0.6335847
4    4    1.18078924    -0.7232567

$'3'
     subj            x             y
1    1     -0.2329870     1.5912051
2    2     -0.1656119     0.1593701
3    3      0.2552370     0.6810276
4    4      0.6431921     1.6735260
```

可以说,这和 `split` 函数的操作相同(第 8.5 节),但多余的变量(此例中的 `time`)不包含在输出中。

请记住,cast 所操作的数据集是熔化的数据集,而不是原始数据集。因此,要从模拟数据创建一个宽形数据框,只包括 x,我们可以使用:

```
> cast(subj ~ variable + time,subset = variable == 'x',data=mobs)
     subj       x_1          x_2          x_3
1    1 -1.0150087 -0.07963674 -0.2329870
2    2 -0.8172679  0.77209084 -0.1656119
3    3  0.9728744  1.71653398  0.2552370
4    4  0.3665811  1.18078924  0.6431921
```

9.6　合并数据框

在最基本的层面,可以使用 `rbind` 按行合并两个或多个数据框,或使用 `cbind` 按列合并数据框。对于 `rbind`,数据框都必须有相同数量的列;对于 `cbind`,数据框必须具有相同数量的行。传递给 `cbind` 的向量或矩阵将被转换为数据框,所以传递给 `cbind` 的列模式将被保留。

虽然 `cbind` 要求数据框和矩阵相适应(即要求它们具有相同的行数),如果数据框或矩阵的行数是向量长度的整数倍,传递给 `cbind` 的向量将循环排列。考虑下面两个数据框,其中一个为三行,另一个为四行:

```
> x = data.frame(a=c('A','B','C'),x=c(12,15,19))
> y = data.frame(a=c('D','E','F','G'),x=c(19,21,14,12))
```

因为 4 是 2 的偶数倍,我们可以将具有两个值的向量与第二个数据框进行合并;R 将向量值进行循环,以保证匹配性:

```
> cbind(y,z=c(1,2))
  a  x z
1 D 19 1
2 E 21 2
3 F 14 1
4 G 12 2
```

当使用 cbind 时,重复的列名将不会被发现:

```
> cbind(x,y[1:3,])
  a  x a  x
1 A 12 D 19
2 B 15 E 21
3 C 19 F 14
```

以这种方法进行数据框合并时,使用唯一的名称是个很好的做法。一个简 P.143
单的测试方法是将两个数据框的名称传递给 intersect 函数:

```
> intersect(names(x),names(y))
[1] "a" "x"
```

当使用 rbind 时,要合并的值的名称和类必须匹配,否则会发生各种各样的错误。当所涉及的列中的值为因子时尤其重要。当给一个数据框增加行时,使用 data.frame 函数通常可以解决问题:

```
> z = rbind(x,c(a='X',x=12))
Warning message:
invalid factor level, NAs generated in:
"[<-.factor"(`*tmp*`, ri, value = "X")
> z = rbind(x,data.frame(a='X',x=12))
> levels(z$a)
[1] "A" "B" "C" "X"
```

虽然 rbind 函数要求被合并对象的名称要一致,cbind 却并不做任何审核。要合并基于普通变量值的数据框,应该使用 merge 函数。此函数旨在提供与关系数据库提供的表合并功能相同的功能。虽然 merge 仅限于一次合并两个数据框,但它可以被反复调用,处理两个以上数据框的合并问题。

merge 的默认表现是基于两个数据框共有的所有变量(列)的值对数据框的行进行合并。(在数据库术语中,这被称为自然合并。)当调用时没有任何其它参数,merge 只返回那些两个数据框中共有变量有共同观测值的

行。作为一个简单的例子,看看两个数据框的合并结果,其各自都有一些
行包含另一个数据框中所没有的合并变量值:

```
> x = data.frame(a=c(1,2,4,5,6),x=c(9,12,14,21,8))
> y = data.frame(a=c(1,3,4,6),y=c(8,14,19,2))
> merge(x,y)
  a  x  y
1 1  9  8
2 4 14 19
3 6  8  2
```

虽然两个数据框中 a 有 6 个不同的值,但是只有那些在两个数据框中 a 有
共同值的行出现在结果中。要对此进行修改,可以使用 all = ,all.x = ,和
all.y = 参数。指定 all = TRUE 将包含所有的行(用数据库术语,称为全输
出合并),all.x = TRUE 将包含第一个数据框的所有行(左输出合并),而
all.y = TRUE 也将包含第二个数据框的所有行(右输出合并)。用当前例子
可以说明各种情况下的合并:

P. 144

```
> merge(x,y,all=TRUE)
  a  x  y
1 1  9  8
2 2 12 NA
3 3 NA 14
4 4 14 19
5 5 21 NA
6 6  8  2
> merge(x,y,all.x=TRUE)
  a  x  y
1 1  9  8
2 2 12 NA
3 4 14 19
4 5 21 NA
5 6  8  2
> merge(x,y,all.y=TRUE)
  a  x  y
1 1  9  8
2 3 NA 14
3 4 14 19
4 6  8  2
```

请注意当其中一个数据框有缺失值时,用(NA)来代替缺失值。
　　为了进一步控制数据框中用于合并行的那些变量,可以使用 by = 参

数。by = 参数用向量形式提供来作为合并参照的变量名称。如果合并变量在将要合并的数据框中名称不同,可以采用 by.x = 和 by.y = 参数。

当两个数据框中的合并变量有多行共同值时,每行将给输出的数据框增加一个观测。如果数据集之一在合并变量的每个值正好有一个观测,此种合并的结果有时称为表查询。作为一个简单的例子,考虑两个数据集,其一为城市名和州名缩写,第二个则为州名缩写和州名全称。我们的目标是建立包含完整的城市名和州名的数据集。下面的数据集代表了美国住房和食品成本最高的 10 个城市:

```
> cities = data.frame(city=c('New York','Boston','Juneau',
+                            'Anchorage','San Diego',
+                            'Philadelphia','Los Angeles',
+                            'Fairbanks','Ann Arbor','Seattle'),
+                     state.abb= c('NY','MA','AK','AK','CA',
+                                  'PA','CA','AK','MI','WA'))
```

P.145

```
> cities
            city state.abb
1       New York        NY
2         Boston        MA
3         Juneau        AK
4      Anchorage        AK
5      San Diego        CA
6   Philadelphia        PA
7    Los Angeles        CA
8      Fairbanks        AK
9      Ann Arbor        MI
10       Seattle        WA
```

与之相应的包含州名缩写和州名全称的数据框,可如下形成:

```
> states = data.frame(state.abb= c('NY','MA','AK','CA',
+                                  'PA','MI','WA'),
+                     state=c('New York','Massachusetts','Alaska',
+                             'California','Pennsylvania',
+                             'Michigan','Washington'))
```

请注意,在 states 数据集中各州名和州名缩写组合正好各有一个。有了这个限制,就可轻易合并两个数据集(因为他们有一个共同的变量,state.abb):

```
> merge(cities,states)
    state.abb         city          state
1        AK        Juneau         Alaska
2        AK     Anchorage         Alaska
3        AK     Fairbanks         Alaska
4        CA     San Diego     California
5        CA   Los Angeles     California
6        MA        Boston  Massachusetts
7        MI     Ann Arbor       Michigan
8        NY      New York       New York
9        PA  Philadelphia   Pennsylvania
10       WA       Seattle     Washington
```

cities 数据框中各州的多个观测并没有引起什么麻烦,因为在 states 数据框中总是恰有一个观测与之匹配。

现在假设我们(很愚蠢地)创建一个带有各个城市邮政编码的数据框,仅使用州名缩写作为标识符。问题是有些州有多于一个的邮政编码,这使得 merge 无法知道哪些观测应该合并在一起。在这样的情况下,merge 悄然创建多个观测以便在合并后的数据框中对于合并变量的多次出现只产生一个观测。

```
> zips = data.frame(state.abb=c('NY','MA','AK','AK','CA',
+                               'PA','CA','AK','MI','WA'),
+           zip=c('10044','02129','99801','99516','92113',
+                 '19127','90012','99709','48104','98104'))
> merge(cities,zips)
    state.abb         city    zip
1        AK        Juneau  99801
2        AK        Juneau  99516
3        AK        Juneau  99709
4        AK     Anchorage  99801
5        AK     Anchorage  99516
6        AK     Anchorage  99709
7        AK     Fairbanks  99801
8        AK     Fairbanks  99516
9        AK     Fairbanks  99709
10       CA     San Diego  92113
11       CA     San Diego  90012
12       CA   Los Angeles  92113
13       CA   Los Angeles  90012
```

```
14        MA        Boston 02129
15        MI    Ann Arbor 48104
16        NY     New York 10044
17        PA Philadelphia 19127
18        WA      Seattle 98104
```

现在输出的数据集中有 18 个观测,而不是预期的 10 个观测。对于那些在 zips 数据框中有多个观测的州,merge 对于 cities 数据集中的每个观测都创建了和 state.abb 观测数同样多的观测。其意义在于提醒你,当要合并的两个数据集中合并变量的值有不止一个观测时,你合并时要小心。

9.7　在merge的环境下

　　虽然 merge 函数能执行两个数据框合并这样最常见的任务,偶尔也需要查找两个向量中各值的索引号,而不进行合并。在 R 内部,merge 使用 match 函数查找这些索引号。这个函数需要两个参数:第一个是要匹配的值向量,第二个是要搜索可能匹配的值向量。对于那些在第二个向量中有匹配值的第一个向量的元素,match 返回第二个向量中该值第一次出现的索引号;对于那些不匹配的元素,match 默认返回一个缺失值(NA)。因此,match 的返回值将始终是一个与第一个参数等长的向量。例如,在第 9.6 节中,我们以 state.abb 变量的共同值为基础合并了 cities 和 states 数据框。如果要检索的仅仅是匹配值的索引号,我们可以如下调用 match: P. 147

```
> match(cities$state.abb,states$state.abb)
 [1] 1 2 3 3 4 5 4 3 6 7
```

　　当没有找到匹配时,可以用 nomatch = 参数返回一个不同的值。由于下标 0 被忽略,这个值的一个非常有用的选择是 nomatch = 0。当用此参数值时,match 的结果可以作为第二个向量的索引号来寻找实际匹配的值。继续第 9.6 节中 x 和 y 的例子,假设我们想知道 x $ a 中的哪些值也出现在 x $ b 中。通过调用 match,将参数设为 nomatch = 0,结果向量可作为索引号在 y $ b 中提取实际值:

```
> indices = match(x$a,y$a,nomatch=0)
> y$a[indices]
[1] 1 4 6
```

需要指出的是,这相当于 intersect 函数,目前使用 match 来实现。

　　最后,对于比较简单的情况,比如我们只对在一个向量中能否找到另一个向量中的元素感兴趣,可以用 % in % 运算符。要生成一个逻辑向量,其长度与 x $ a 相同,它表明哪些值可以在 y $ a 中找到,我们可以如下使用 % in %:

```
> x$a %in% y$a
[1]  TRUE FALSE  TRUE FALSE  TRUE
```

和 intersect 一样,% in % 目前用 match 来定义。

索　引

注意:加粗的条目表示命令/函数/参数(位于索引词条中文后面的数字是英文原书的页码,此页码排在正文每页的版心外)。

N

S